HISTOIRE

DES

ANCIENNES REVOLUTIONS

DU

GLOBE TERRESTRE.

HISTOIRE

DES

ANCIENNES REVOLUTIONS

DU

GLOBE TERRESTRE.

AVEC UNE RELATION

CHRONOLOGIQUE ET HISTORIQUE

DES

TREMBLEMENS DE TERRE,

ARRIVE'S

SUR NOTRE GLOBE

DEPUIS LE COMMENCEMENT DE
L'ERE CHRETIENNE
JUSQU'A PRESENT.

A AMSTERDAM,

Et se vend

A PARIS, Chez DAMONNEVILLE, Quay
des Augustins à Saint Etienne.

M, DCC, LII.

PRÉFACE

DE

L'AUTEUR.

Dans cette foule immense d'Auteurs, dont les Ecrits inondent de tous côtés la République des Lettres, un grand nombre se fait un véritable plaisir de récréer le Lecteur par le vain étalage des anciennes fables ou des sentimens paradoxes & extravagans des Philosophes surannés. Mais on ne doit pas me ranger dans cette Classe, & si je débute par le détail des Hypothéses, qui ont regné avant moi, c'est que j'y suis obligé par

*

la nature même de l'Ouvrage que
je donne.

J'ecris l'*Hiſtoire des Anciennes
Révolutions du Globe Terreſtre*,
& je dois remonter juſqu'au ſources, pour conſtater, s'il eſt poſſible, les plus anciens faits, &
pour établir mes preuves. C'eſt
une Loi que tout Hiſtorien doit
inviolablement obſerver, ſans
quoi ſon Ouvrage devient un
Roman; & loin d'inſtruire ſon
Lecteur, ne fait tout au plus que
l'amuſer, & ſouvent au riſque de
l'égarer.

Il m'auroit été bien plus aiſé
de ne ſuivre en compoſant cet
Ouvrage que le torrent de mon
imagination, & je n'aurois pas
été plus blâmable que les Auteurs
qui ont travaillé avant moi ſur
ce même Plan. On a vu dans
tous les temps & chez toutes les
Nations, des Sçavans du premier
Ordre qui ont oſé raconter les

événemens arrivés au Globe Terreſtre avant qu'il fût habité. Le
Public s'eſt toujours fait une Loi
d'admirer & de reſpecter ces
précieuſes Annales, qui dans le
fond ne devoient leur origine
qu'à l'imagination fertile de l'Auteur, ſans autre garantie que ſa
réputation.

J'ai cru au contraire, que dans
des recherches de cette impor-
tance on ne pouvoit trop ſe dé-
fier du jeu ſouvent hazardé d'une
imagination trop vive, & je ne
préſume pas aſſez de mon autorité ſur le Public, pour me flater qu'il veuille prendre mes in-
ventions pour des vérités. Ainſi
le parti le plus ſur & le ſeul que
j'avois à prendre, étoit de m'attacher d'abord aux preuves de
mon Hiſtoire, de les appliquer
aux Syſtêmes différens des Auteurs qui ont traité de la Terre,
& de m'en ſervir comme d'une

pierre de touche pour les appré-
cier chacun felon fa valeur , &
conftater les faits que je dois rapporter.

Mais quelles feront ces preuves , & où en trouverons nous ,
avant que le monde fût habité ?
Celles qui regardent l'Hiftoire
du genre humain nous ont été
confervées dans l'Ecriture Sainte & dans les Fragmens des anciens Ecrivains & des vieux Poëtes. Mais à qui recourir pour apprendre ce qui s'eft paffé dans
notre Globe avant qu'il fût peu-
plé ? Nous rencontrons de grandes difficultés , lorfqu'il ne s'agit
que de développer quelqu'événement de nos jours. Comment
pourrons-nous deviner ceux qui
fe font paffés avant l'origine des
hommes ; & nous vanter d'en
fournir la preuve ?

Cependant il n'y a rien de fi
certain ; & j'ofe le dire , elles font

frappées au coin de la derniere évidence. Leur espéce il est vrai est bien différente de celles qui servent à l'Histoire humaine, & qui se trouvent gravées ou écrites par la main des hommes sur le Métal, la Pierre, le Bois, le Papier, &c. La nature elle-même a pris le soin d'imprimer celles-ci avec des caracteres ineffaçables dans l'intérieur de la Terre.

Ces Lettres, quoique très-bien marquées, ne sont lisibles que pour ceux qui ayant fréquenté l'Ecole même de la Nature en ont étudié le langage. Je ne prétens pas m'ériger en Docteur dans ce genre ; mais j'ose me flater d'avoir été le Disciple de la Nature assez long - temps, pour connoître ces Lettres & pour essayer à les épeller, sauf à me faire redresser par ceux qui les sçavent lire. C'est sur-tout à ces grands Naturalistes que je

compte rendre un service impor-
tant en leur remettant fous les
yeux ce qu'ils ont peut être ou-
blié il y a long-temps, ou ce que
peut être encore ils n'ont jamais
fçu.

Au refte je ne réponds pas des
méprifes, qui ne feront fans doute que trop fréquentes dans cet
Ouvrage. On n'a fait jufqu'à préfent que débiter des erreurs fur
ces matieres; comment voudroit-
on exiger de moi que j'en fuffe
entiérement exempt?

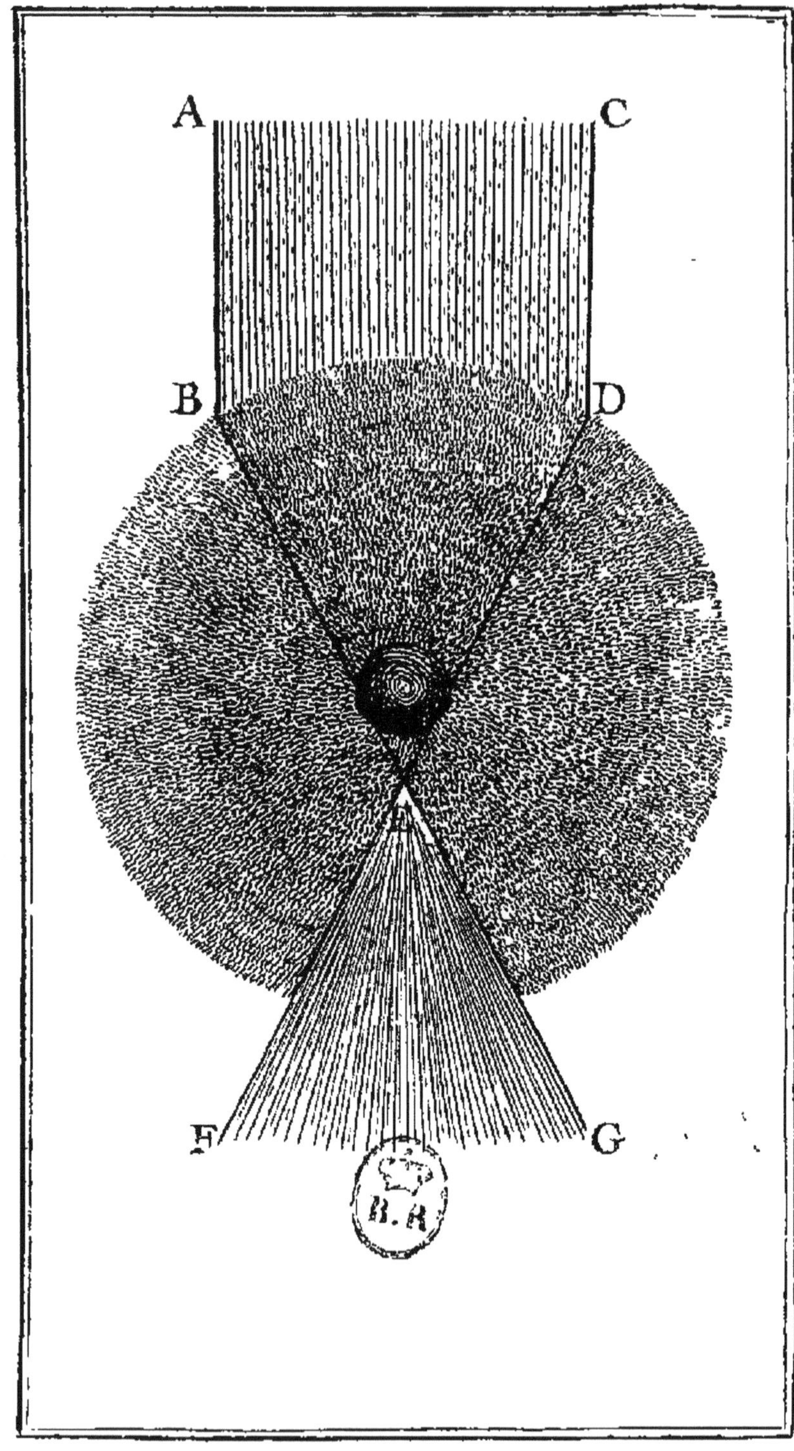
A
C
B
D
E
G

EXPLICATION

DES FIGURES.

PLANCHE PREMIERE.

REpréfente une Planette en-flammée, & par conféquent changée en Cométe, felon le fyf-téme de M. *Whifton*. Son Atmof-phére eft énorme & remplie de vapeurs & d'exhalaifons ; c'eft pourquoi les rayons du Soleil, A B & C D, font rompus vers la ligne perpendiculaire tirée par le centre de la Planette. Ces mêmes rayons s'entrecoupent en E, & en divergeant delà vers F & G, ils éclairent les vapeurs compri-fes dans cet efpece, & forment par-là la queuë de la Cométe.

PLANCHE II.

Figure premiere.

Repréfente les crevaffes du roc qui renferme l'ardoife dans les Mines de Mansfeld.

Figure feconde.

Repréfente la tête d'un Poiffon pétrifié d'une beauté parfaite, trouvée fur une ardoife blanchâtre de Pappenheim. Ce morceau fe trouve dans le Cabinet de M. *Lange*, Profeffeur à Hall.

Figure troifiéme.

Repréfente l'aréte d'un Poiffon fur une ardoife de Pappenheim du même Cabinet. Il eft remarquable qu'on ne trouve ja-

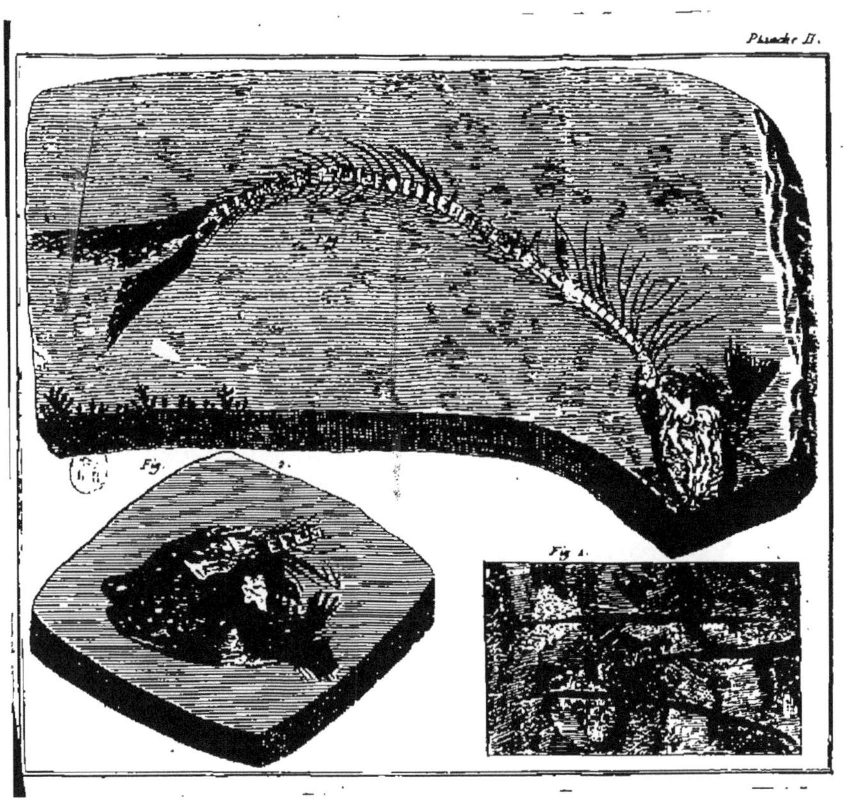
Fig. 2.
Fig. 1.

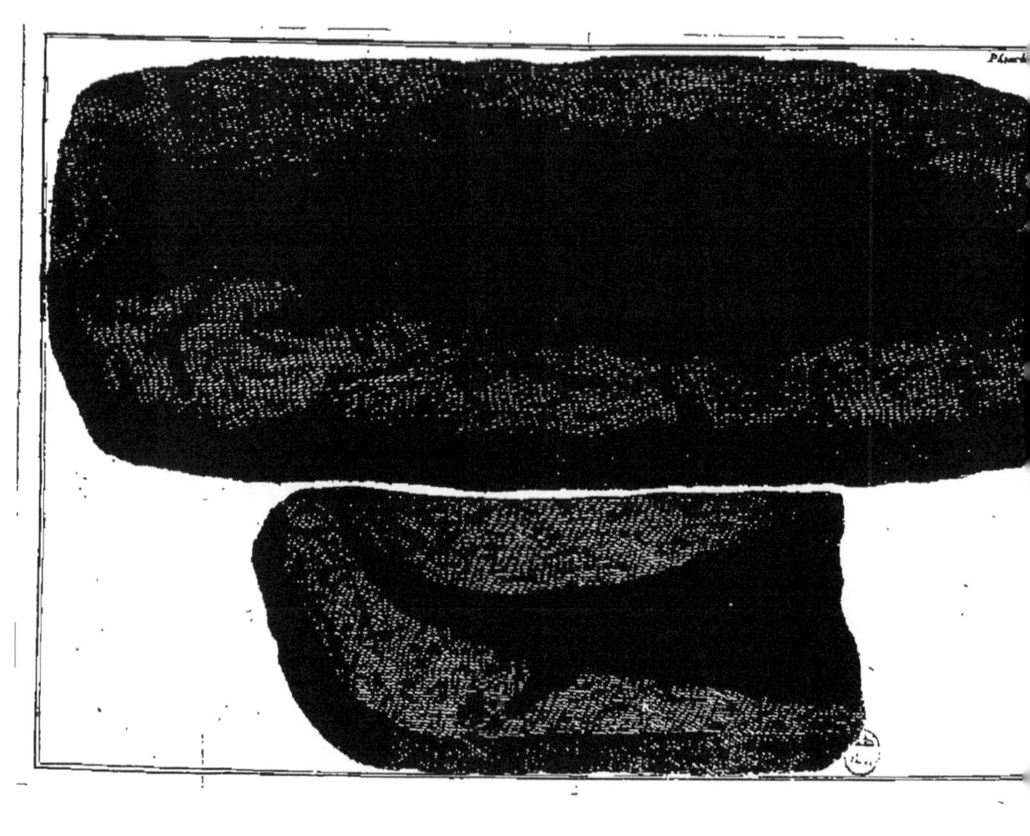
Pl. XXXIV.

mais que des arétes dans cette
ardoife blanche. J'attribue cet
effet fingulier à la terre qui environne ces ardoifes : elle tient
de la nature de la chaux, & elle
ronge la chair du Poiffon.

P L A N C H E III.

Figure premiere.

Repréfente un Poiffon entier
& parfait, trouvé dans une ardoife d'Eifleben.

A, Eft le Chryftallin, qui eft
élevé, & qui paroît blanc, lorfqu'on y frappe, comme dans le
Poiffon cuit.

B, Eft la chair du Poiffon,
qui eft toute divifée par lozan-
ges, comme dans le Poiffon
cuit.

C, Repréfente quelques Muf-
cles.

4

Figure seconde.

Repréſente des muſcles découverts à la queuë des Poiſſons
pétrifiés, deſſinés d'après l'Ori-
ginal.

TABLE

TABLE
DES
MATIERES.

A

D

O

Œ UF *du Monde*, ce que c'est,   18.

Fin de la Table.

HISTOIRE

DES

ANCIENNES RÉVOLUTIONS

DU

GLOBE TERRESTRE.

CHAPITRE PREMIER.

Sentimens des Philosophes sur l'existence & la formation de l'Univers.

AU Commencement Dieu créa les Cieux & la Terre. Ce sont les paroles de MOYSE, par lesquelles il exprime l'origine du Systême du monde. Elles sont si évidentes qu'on ne sçauroit prendre le chan-

A

ge ſur leur véritable ſignification , ni la révoquer en doute. Il s'eſt trouvé ce-pendant des Philoſophes aſſez hardis pour nier le commencement du monde ou du moins ſa création dans le temps , & il ne ſera pas hors de propos , avant d'entrer en matiere , de rapporter en peu de mots les ſentimens ſinguliers de ces ſublimes Génies , touchant l'exiſten-ce & la formation de l'Univers.

L u c a i n , qui étoit Défenſeur zélé des Dogmes de *Pythagore* , ſoûtenoit avec opiniâtreté l'éternité & l'exiſtence néceſſaire du monde. La preuve dont il ſe ſervoit étoit auſſi extravagante que la théſe même. C'eſt, diſoit-il, parce que le monde eſt d'une figure arrondie , & que ſon mouvement eſt circulaire. Mais perſonne n'a ſçu ni ne ſçaura jamais dé-terminer préciſément quelle eſt la figu-re des limites qui bornent l'Univers , & ſuppoſons qu'il ſoit rond , je ne vois pas comment on peut inférer de-là qu'il doit être éternel & néceſſaire.

P l a t o n définit le monde un Type éternel d'une repréſentation éternelle dans l'eſſence Divine. Y a t-il de l'appa-rence qu'avec de pareilles idées il ait pu croire la création du monde dans le temps ?

PROCLE, STRATON *de Lampſic*
& ORIGENE, paroiſſent avoir été du
même ſentiment. Ajoûtons y encore
ALMARIC qui fut déclaré Athée, pour
avoir enſeigné ces mêmes Dogmes, &
dont les os furent déterrés & brûlés au
commencement du treiziéme ſiécle.

XENOPHANE, Fondateur de la
Secte, connuë depuis ſous le nom d'*E-
léatique*, paſſe auſſi pour avoir ſoûtenu
l'éternité & la néceſſité du monde. Ses
ſentimens ſont remplis d'extravagances :
ſelon lui la Terre étoit fabriquée d'air
& de feu, d'où toutes choſes ſont pro-
duites, & le Soleil & les Aſtres ſont
procrées par les nuës. Ces raiſonnemens
me paroiſſent auſſi hazardés que ceux
de certains Chymiſtes modernes, qui
enſeignent avec beaucoup d'emphaſe,
que tous les corps naturels renferment
une eſpece de mercure tout différent du
métal qui porte ordinairement ce nom.
J'admire la ſubtilité de ces grands Docteurs, & je m'attends qu'un jour ils trou-
veront dans l'air de quoi bâtir des maiſons & des villes ! En effet s'il a réüſſi au
R. P. *Kircher* de reproduire les plantes
de leurs cendres, pourquoi voudroit-
on déſeſperer qu'on pût faire renaître

les hommes, & qu'à la fin on parvint à
reſſuſciter les morts par une heureuſe Palingénéſie ? Il feroit à ſouhaiter pour le
bien public, que ces nouveaux Docteurs euſſent vécu du temps qu'on brû-
loit les Sorciers. Ils n'auroient pas manqué de cendres pour ces belles expériences, que malgré la conviction qu'ils
affectent, ils ne ſont pas aſſez fous d'é-
prouver ſur leurs propres perſonnes. Il
eſt étonnant que dans un ſiécle auſſi
éclairé que le nôtre, il ſe trouve des
gens aſſez ſimples pour croire des choſes auſſi éloignées du bon ſens, & dont
on n'a aucune preuve ! Mais, me dira-
t'on, comment prouver la négative ?
Je réponds, que la choſe eſt impoſſible
par elle-même. Les pierres, métaux,
&c. peuvent produire des figures tout-
à-fait extraordinaires ; il ſe peut former
des figures de petits arbres, & des forêts
entieres du mercure, & de l'argent diſ-
ſous dans l'eau forte ; mais qu'y-a-t-il
d'extraordinaire dans cette opération ?
Le tout dépend de la différente cohéſion
des corpuſcules métalliques, qui en deſ-
cendant ſelon leur degré de peſanteur,
forment des figures, dans leſquelles notre œil croit trouver une reſſemblance

ávec d'autres corps naturels. L'imagination plus ou moins forte affermit plus
ou moins l'idée que l'on s'eſt formée, &
ſouvent même au point que ces ſublimes Philoſophes trouvent une parfaite
reſſemblance où le vulgaire n'en recon-
noît pas ſeulement les premiers traits.
J'ai vu, par exemple, une maſſe pierreuſe, qui étoit en effet ſinguliérement
conformée d'une quantité de petites
pierres, & que celui qui la gardoit pré-
cieuſement dans ſon cabinet, avoit fait
venir à grands fraîs de Suiſſe, ſur la réputation que c'étoit le cerveau pétrifié
d'un homme Ante-Diluvien. Il auroit
certainement fallu plus d'un miracle,
pour que ce cerveau ſe fût conſervé en
entier & ſans putréfaction avant de ſe
changer en pierre. Cependant ceci ne ſeroit rien encore en comparaiſon de la
Palingénéſie des hommes & des plantes.
Ce ſont des machines d'une perfection
infinie, & les plus grands Naturaliſtes,
qui ont paſſé leur vie à analyſer ces corps
naturels, n'ont peut-être pas encore découvert la moitié de ce qu'ils renferment.
Il faut convenir que ces productions ne
peuvent appartenir qu'à une Puiſſance
infinie, & à une ſage direction de l'Etre

néceſſaire. Et les Chymiſtes avec tous leurs Arts pourroient-ils ſe flater de compoſer un ſeul corps naturel ? Mais la revivication d'un homme ou d'une plante par le moyen de ſes cendres n'eſt-elle pas beaucoup plus impoſſible ? Et peut-on par conſequent ne pas convenir encore, que cette imagination eſt auſſi abſurde que la génération des Inſectes par la putréfaction; & n'eſt-il pas auſſi difficile de la faire naître dans l'eſprit, cette imagination, qu'il le feroit d'y produire l'idée d'un Palais achevé par l'effet d'un ouragan ?

Aristote croyoit l'éternité du monde ; mais il n'enſeignoit pas ſon exiſtence néceſſaire. Il le regardoit comme une opération que Dieu avoit faite de toute éternité, & qui étoit auſſi inſéparable de lui que l'ombre l'eſt du corps.

Averroes, Avicenne & d'autres ſuivirent ce même ſentiment, & preſque tous les Philoſophes *Scholaſtiques* croyoient, qu'on pouvoit dire ſans contradiction que le monde avoit exiſté de toute éternité, & que néanmoins il avoit été créé : attendu que l'éternité ſe fondoit ſur un autre principe que la néceſfité. Il eft certain que tout ce qui eft néceffaire doit être en même temps éternel ; mais il ne s'en fuit pas que ce qui eft éternel, doive auffi être néceffaire, & nous trouvons cette différence très-bien expliquée dans les *Oeuvres Métaphyfiques* de M. *Wolffius*. Cependant, pour embraffer ce fentiment comme fondé fur la vérité, il ne fuffit pas de pouvoir dire qu'il eft compatible avec l'exiftence de Dieu, & il faut l'appuyer fur des principes ; ou ce n'eft qu'une fimple Hypothéfe. Mais avouons en même-temps, qu'on ne fçauroit fans injuftice charger *Ariftote*, & fes Sectateurs, du nom odieux d'Athées, qu'on a de tout temps prodigué avec fi peu de ménagement, & qui ne prouve fouvent que l'ignorance & l'animofité de ceux qui l'employent pour injurier leur adverfaires.

C'eft à Spinoza plutôt & à fes Adhérans qu'on peut appliquer cette malheureufe Epithéte. Ils croyent l'exiftence néceffaire du monde, dont fon éternité devient une confequence immédiate. Ils pouffent leurs erreurs au point de s'imaginer pouvoir démontrer géométriquement, que Dieu & le monde ne font qu'un , & que l'étendue eft un des principaux attributs de la Divinité. Il faudroit plus d'un volume pour rapporter les Argumens & les invectives dont on s'eft fervi pour combattre cette nouvelle Secte , qui tombe par elle-même à mefure qu'elle perd le charme de la nouveauté , & que le bon fens anéantit le Paradoxe , qui fait fon feul mérite.

M o y s e continue, dans le *premier Chapitre de la Genefe* , de rapporter la Création de la Terre , & de ce qu'elle contient. On a de tout temps laiffé aux Naturaliftes la liberté d'expliquer les révolutions qu'elles a éprouvées depuis fon enfance , parce qu'il n'étoit pas vraifemblable que ces fortes de Syftêmes duffent influer en aucune façon fur la Réligion , l'Etat & les bonnes mœurs. Cette conceffion étant une fois donnée aux Philofophes , il ne faut plus s'étonner fi chacun s'en eft prévalu à fa façon , pour débiter en public ce qui lui paroiffoit le plus vraifemblable touchant la production de la Terre & des Corps Terreftres. C'eft de-là que viennent ces belles réveries , ces imaginations extravagantes , & ces Syftêmes paradoxes , qui fe font introduits fucceffivement dans l'Hiſtoire Naturelle , & dont la plus grande partie n'a eu juſqu'à préſent d'autre utilité que d'avoir amuſé pendant quelque temps les bizarres Architectes de ces groteſques édifices.

Descartes fut le premier parmi les Chrétiens qui s'aviſa de fabriquer un monde à ſa mode. Mais il avoit devant lui quantité de modeles anciens , & il ſemble que les Philoſophes Payens n'avoient eu rien plus à cœur , que d'écrire chacun ſelon ſon idée l'Hiſtoire de la formation du monde.

CHAPITRE II.

Sentimens des anciens Peuples ſur la formation de l'Univers.

LES Phéniciens paſſent pour les premiers qui ont approfondis cette matiere. Leurs ſentimens ont été tranſmis à la poſtérité par *Sanchoniaton*, célébre Hiſtorien de leur Nation. Il affirme qu'il a tiré ſa narration de la *Coſmogénie* de Taut , qui étoit le Thoyt ou Hermes des *Egyptiens*.

Voici comme il annonce leur Syſtême.
Les premiers principes de tout l'Univers étoient un air ou vent obſcur &
ſpirituel, un eſprit aërien ténébreux,
& un *Cahos* confus, épais & ſombre.
L'un & l'autre étant infinis, ils étoient
reſtés pendant très-long-temps ſans limites ; mais l'eſprit étant à la fin devenu
amoureux de ſes propres principes, il
s'en fit un mêlange. Cette union, qu'on
appelle *Déſir*, fut le commencement de
la formation de toutes choſes. Cependant l'eſprit ne ſçavoit ni ne connoiſſoit
point ſa production. Il ſe forma depuis
de ce mêlange de l'eſprit ce qu'on ap-
pelloit *Mot*, & que quelques-uns interprétent par une eſpece d'argille, & d'autres par la putréfaction, ſuite du mêlange. Le *Mot* produiſit à ſon tour les ſé-
mences de toutes les Créatures & du reſte de l'Univers. Il y avoit certains animaux ſans ſenſations, mais dont il s'en
forma de raiſonnables par la ſuite. Ils
portoient le nom de *Zophaſemin*, qui
veut dire Contemplateurs des Cieux, &
ils avoient la figure d'un œuf. Le Soleil,
la Lune & les Etoiles joignirent immédiatement après leur lumiere à celle du
Mot. L'air fut échauffé d'un degré émi-

nent de chaleur, qui fortoit de la Terre
& de la Mer; ce qui produifit les vents
& les nuées, & fut fuivi de pluyes & de
terribles inondations. Ces eaux, s'étant
féparées & élevées par la chaleur du
Soleil, fe rejoignirent dans l'air & formerent le Tonnere & les Eclairs, dont
le bruit terrible éveilla & anima les animaux des deux fexes, tant fur la terre
que dans la mer.

Les Egyptiens étoient d'un fentiment différent en apparence, mais qui
dans le fond n'étoit qu'une paraphrafe
de celui des *Phéniciens*. C'eft à *Diodore
de Sicile*, que nous devons le détail de
leur *Cofmogénie*. Selon eux le Ciel & la
Terre étoient de la même figure, parce
que la nature de l'un étoit mêlée avec
celle de l'autre; mais la féparation fucceffive de ces Elémens donna au monde
la configuration que nous lui voyons aujourd'hui. L'air acquit par ce moyen un
mouvement continuel, & fes particules
ignées s'élevant naturellement par leur
legéreté, en occuperent la plus haute
région, d'où fe forma le mouvement
rapide de rotation du Soleil & des autres
Etoiles. La matiere vifqueufe & trouble,
s'étant unie avec l'humide, s'affaifla en

une masse par sa pesanteur : elle resta néanmoins dans un mouvement continuel causé par un ébranlement intrinséque. Les parties aqueuses s'étant amassées peu à peu formerent la mer, & les solides composerent la terre. Celle-ci étoit au commencement fort molle & humide ; mais elle se dessécha peu à peu par la chaleur des rayons du Soleil, dont l'ardeur extrême mit à la fin la croûte Terrestre en fermentation. Quantité de parties humides s'enflerent par ce moyen, & formerent successivement des tumeurs putrides couvertes de pellicules minces. La matiere humide comprise dans ces tumeurs, ayant été fécondée par la chaleur naturelle, fut nourrie pendant la nuit par une rosée qui tomba de l'air, & successivement consolidée & durcie pendant le jour par la chaleur des rayons du Soleil, jusqu'à ce que le fruit renfermé parvint à sa pleine maturité. Les tumeurs créverent à la fin, & il en sortit des Créatures de toute espece. Celles, qui avoient acquis le suprême degré de chaleur, eurent des aîles & s'éleverent en l'air. Celles au contraire, qui étoient formées pour la plus grande partie d'une substance aqueuse, se replongerent dans l'Element le plus approchant de leur nature, & furent appellés Poiffons. Celles enfin, où les parties Terreftres dominoient, devinrent des Reptiles & autres animaux deftinés à peupler la Terre. Bien-long temps après, la Terre s'étant de plus en plus defféchée par l'ardeur continuelle du Soleil & par les vents, elle devint hors d'état de produire de gros animaux, qui commencerent dès-lors à fe multiplier eux-mêmes par différentes fortes de générations. L'Auteur, pour prouver la poffibilité de la production des Créatures vivantes du fein de la Terre, cite l'exemple des fouris, dont il fe forme felon lui des quantités prodigieufes du limon pourri, que les inondations du Nil laiffent fur les terres, lorfque ce Fleuve rentre dans fon lit. Ce fentiment, quoiqu'il foit de la derniere abfurdité, a fi bien fatisfait *Simplice*, qu'il a ofé avancer dans fes Ouvrages, que la narration *Mofaïque* de la Création du monde n'étoit autre chofe qu'une tradition fabuleufe prife de la Philofophie des *Egyptiens.*

Voyons maintenant ce que BEROSE racconte de la *Cofmogénie* des CHAL-

DÉENS. Il y avoit un temps, dit-il, que tout le monde n'étoit que ténébres & eaux, leſquelles étoient habitées par des animaux terribles, de figures très-diverſifiées. On voyoit alors des hommes avec deux aîles, les uns avec deux ou quatre viſages, les autres n'ayant qu'un corps & deux têtes, dont l'une d'homme & l'autre de femme, avec les parties des deux ſexes. Il y en avoit avec des pattes & des cornes de bouc. Ceux-ci avoient des pieds de cheval, où même la moitié d'en-bas formée en cheval & celle d'en-haut en homme, comme les *Hippocentaures*. Les bœufs portoient des têtes d'hommes, & les chiens avoient quatre corps, qui ſe terminoient en queuës de poiſſons. Il y avoit des chevaux avec des têtes de chien, & des hommes auſſi bien que d'autres animaux avec des têtes & des queuës de cheval, & des queuës de poiſſon, ſans parler de quantité d'autres Créatures, qui avoient les figures de preſque toutes les eſpeces d'animaux enſemble. On voyoit auſſi des poiſſons, des ſerpens & d'autres reptiles & animaux très-extraordinaires, qui avoient un mélange bizarre de toute ſorte de figures, & dont les images fu-

rent conſervées dans le Temple de *Bélus.*
La ſuprême Directrice du *Tout*, étoit
alors une femme appellée *Omorôca*, en
Chaldéen *Thalauth*, qui ſignifie en Grec
la Mer auſſi bien que la Lune. Le Monde ſe trouva en cet état lorſque le Dieu
Bélus arriva. Il fendit la femme en deux
moitiés, & il fit de l'une la Terre &
de l'autre le Ciel, & dans l'inſtant tous
ces animaux périrent. *Beroſe* ajoute, que
cette peinture de l'état premier du
Monde eſt allégorique & marquoit que
dans le temps que le monde étoit encore
humide, & qu'il produiſoit toute ſorte
d'animaux, le Dieu *Bélus* emporta la
tête de la femme, & que les autres
Dieux mêlerent le reſte de ſon corps
avec de la terre, & en formerent des
hommes, qui devinrent par-là raiſonnables en participant à la ſageſſe Divine : que ce même *Bélus*, qui eſt notre
Jupiter, diſſipa les ténébres, en ſépa-
rant le Ciel de la Terre ; qu'il établit
l'ordre dans le Monde, & qu'alors tous
les monſtres ne pouvant ſupporter l'é-
clat de la lumiere, furent détruits par ſa
naiſſance : que *Bélus* voyant que la Terre elle-même malgré ſa fertilité étoit
vuide & inculte, ordonna à un des

Dieux de se couper la tête, de mêler le
sang qui s'en écouleroit avec de la terre,
& d'en former des hommes & des animaux capables de résister à l'air ; &
qu'enfin il acheva lui - même de fabriquer les Etoiles, le Soleil, la Lune &
les cinq Planettes.

CHAPITRE III.

Sentimens des anciens Poëtes sur la Formation de l'Univers.

LE célébre ORPHÉE, si respecté
chez les Pythagoriciens & chez les
Platoniciens, Sectes fameuses dans la
Mythologie, ne fut pas si éloigné d'admettre des Etres spirituels & raisonna-
bles, que ceux qui les donnoient uniquement comme des choses incompré-
hensibles & inexprimables. Il est vrai
qu'il établit pour Etre fondamental &
pour principe de toutes choses un *Dra-*
gon, qui avoit une tête de Bœuf, & une
tête de Lion, & entre deux la face d'un
Dieu avec des aîles d'or sur ses épaules ;
mais il admit en même-temps que Dieu

tréa d'abord le *Ciel* ou l'*Ether* ; que cet *Ether* étoit environné de tous côtés du *Cahos* ou d'une nuit ténébreuſe ; en quoi il donnoit à entendre qu'une nuit profonde & d'épaiſſes ténébres régnoient ſur toutes choſes avant la Création.

Il ajoûte que dans le Ciel exiſtoit, avant tous ſes habitans, un Etre incompréhenſible & ſuprême Auteur, par conſequent le plus ancien de ceux qui l'habitent, & Créateur même du Monde entier ; que la Terre étoit alors inviſible à cauſe de l'obſcurité qui la couvroit, & que la lumiere qui perçoit l'*Ether*, avoit éclairé la Création ; que cette lumiere perçante étoit l'Etre ſuprême même, dont le nom, tel qu'il avoit été manifeſté par l'Oracle, étoit *Conſeil, Lumiere & Source de Vie*.

Syrien prétend qu'*Orphée* admettoit deux Principes ou Etres fondamentaux, dont l'un étoit l'*Ether* & l'autre le *Cahos*, auſquels *Simplice* ajoûtoit un troiſiéme qui précéde ſelon l'ordre les deux autres : ſçavoir le *Temps* qui eſt la meſure de la *Théogonie* fabuleuſe, & dans lequel l'*Ether* & le *Cahos* ont pris exiſtence.

Il ſemble auſſi qu'*Orphée* fut le premier qui introduiſit en Gréce le ſenti-

ment reçu parmi les Docteurs Orien-
taux de *l'Oeuf du Monde*, qu'il avoit
vraiſemblablement appris des *Egyptiens*
qui repréſentoient le Monde ſous cette
image : ſymbole qui étoit auſſi univer-
ſellement reçu par les *Chaldéens*, les
Perſans, les *Indiens*, & les *Chinois* ; &
au reſte ce n'étoit pas tant pour la figure
extérieure de l'Oeuf, que pour la configuration & l'ordre de ſes parties, la
Coque repréſentant les Cieux, le blanc
l'Air, & le jaune la Terre. C'eſt en ce
ſens même que la fameuſe queſtion ? *Si
la Poule a été avant l'Oeuf, ou l'Oeuf
avant la Poule*, qu'on a regardé depuis
comme un badinage, faiſoit un article
très-ſerieux dans la *Coſmogénie Orphi-
que*, & rouloit ſur la génération primi-
tive de tout ce qui exiſte.

La *Théogonie* d'Heſiode, qui renferme en même temps une *Coſmogénie*
aſſez embrouillée, commence deux fois
par le *Cahos*, & tout y eſt expoſé dans
un ordre poëtique plutôt que philoſo-
phique. Le fond de ſon Syſtême revient
à ce que le *Cahos* exiſtoit au commencement : enſuite la Terre parut, & enfin l'Amour le plus beau des Dieux. Le
Cahos engendra ſelon lui *l'Erebe* & la

Nuit , dont l'union forma l'*Ether* & le Jour. L'Auteur entre après cela dans une defcription de la féparation du Ciel , des Etoiles & de la Terre , de la formation des Montagnes , de l'enfoncement des Cavernes , de la production de la Mer par la Terre & par le Ciel.

Ariftophane nous donne une defcription plus complette & mieux arrangée de cette ancienne *Cofmogénie* , foit qu'il l'ait puifée dans *Hefiode* , ou dans d'autres fources. Il nous apprend que le *Cahos* , le noir *Erebe* & l'affreux *Tartare* exiftoient au commencement , fans qu'il y eût encore ni Terre , ni Air , ni Ciel ; que la Nuit portée fur des aîles noires , jetta le premier œuf dans le fein immenfe de l'*Erebe* , duquel fe forma quelque temps après le bel Amour , qui brilloit avec des aîles d'or femblables aux tourbillons violens ; que le mélange de l'Amour avec le *Cahos* produifit des hommes & des animaux ; qu'avant cette réunion , ouvrage de l'Amour , il n'y avoit point de Dieux , mais que le mélange de toutes chofes forma le Ciel , la Terre , & toute la famille des Dieux immortels.

Il faut convenir , que fi ce Syftême

n'eſt pas conforme à la vérité , il a du moins le mérite de la galanterie , & il annonce non-ſeulement de l'imagination , mais beaucoup de tendreſſe encore dans les ſentimens de ſon Auteur.

CHAPITRE IV.

Suite des Opinions des Anciens Philoſophes.

ANAXIMENE , marchant ſur les traces de THALES & d'ANAXIMANDRE , croyoit qu'un air infini étoit l'origine de toutes choſes , que tout ce qui s'en étoit formé étoit fini & y retourneroit un jour. Ce qui compoſe le Monde s'eſt formé , ſelon lui , par une condenſation & raréfaction ſucceſſive de cet Air. La Terre , l'Eau & le Feu furent produits les premiers ; les autres parties du Monde ſuccederent enſuite. Il ſoûtenoit auſſi que le mouvement étoit éternel , que la chaleur du Soleil venoit de la rapidité de ſon mouvement , & que l'Air contenoit le Monde , comme l'Ame , qui n'étoit qu'un air ſelon lui, conservoit le corps humain.

LEUCIPPE, DEMOCRITE & EPI-cure bannirent de leur Philosophie tout ce qui regardoit les nombres, les proportions, les harmonies, les idées, les qualités & les formes élémentaires. Le zéle de la Physique alluma leurs esprits, & leur fit regarder ces principes subtils des autres Philosophes comme des riens précieux. Ils prirent la résolution d'examiner les corps mêmes, de ne fonder leurs raisonnemens que sur les loix de la Physique & des Méchaniques, & de ne tirer des conclusions que de la figure, grandeur & situation des corps. C'est dommage qu'un plan si raisonnable & si bien conçu, n'ait pas été mieux exécuté : car, pour revenir à l'explication de l'origine du Monde, *Leucippe* & *Democrite* établirent les *Atômes* pour principes primitifs de toutes choses, & ils entendoient par ce mot une quantité infinie de particules indivisibles de différentes grandeurs & de figures diverses, qui selon eux s'étoient muës de toute éternité au hazard & sans aucune destination dans un espace immense, & qui s'étant à la fin entrechoquées & jointes, avoient formé par leur mêlange & leur union, un Cahos de toutes ſortes de particules. Ils ſuppoſoient enſuite, que leur mouvement continuel, leur action & réaction avoient produit un ou pluſieurs tourbillons, dans leſquels ces mêmes particules, ſelon leurs différentes compoſitions ou diſſolutions, avoient à la fin pris la figure & la liaiſon qu'elles avoient actuellement.

On voit aiſément que toute cette narration a plus l'air d'un Roman que d'une Hiſtoire véritable ; mais il faut néanmoins convenir que quelque fabuleuſe que cette *Coſmogénie* puiſſe paroître, elle préſente des idées qui ne bleſſent pas l'imagination ; au lieu que celles de la plûpart des anciens Philoſophes ſont des fictions extravagantes qui choquent le bons ſens, ou des grands mots qui ne diſent rien à l'eſprit. Il me ſemble que des expoſitions d'événemens poſſibles méritent toujours la préférence ſur des Fables remplies de choſes contradictoires & abſurdes par elles-mêmes, quoique les unes ne ſoient pas moins fauſſes que les autres.

Gassendi & Descartes ont formé leurs Syſtêmes de Phyſique

ſur les principes des *Atomiſtes*, quoi-qu'avec cette différence que le premier a conſervé le Vuide, & que le ſecond remplit tout de matiere. L'idée des Atomes au reſte ne renferme en elle rien d'impoſſible ni d'abſurde, lorſqu'on entend par-là les plus petites particules des corps qui ſont d'une figure & grandeur invariable, & qu'on les regarde comme des corps parfaitement durs, qu'aucune force naturelle ne peut diviſer. Ma propoſition deviendra plus claire par un exemple.

Nous ne connoiſſons point de corps dans le monde qui agiſſe avec plus de force que le feu. Il eſt en état de fondre en peu de temps un quintal de fer, c'eſt-à-dire, de le réduire en matiere fluide ; ce qui ſeroit impoſſible, ſi le feu n'avoit pas la force de ſurmonter la cohéſion des particules, & de les détacher les unes des autres. Si l'on vouloit attacher au bas d'un cube de fer d'un quintal un poids qui fût capable de le déchirer par le milieu, on ſeroit étonné de la peſanteur prodigieuſe & comme immenſe qu'il faudroit employer pour en venir à bout ; & cependant le feu en fondant le fer fait un effort beaucoup

plus grand. Les poids ne séparent le
fer que dans un seul plan, au lieu que
le feu le fait dans tous les plans possibles
à la fois. En supposant un de ces plans
physiques de la hauteur d'une ligne,
quoi qu'en effet ils soient infiniment plus
petits, la force du feu surpasseroit autant
celle des poids capables de déchirer le
cube, que la hauteur du cube d'un quintal surpasse celle d'une ligne. Il est vrai,
que le feu est un corps extrêmement
subtil, & que son mouvement est très-
rapide ; d'où nous comprenons que le
défaut de sa masse est recompensé par
la vivacité de sa force, qui est proportionnée au quarré de sa vitesse.

Appliquons pour être mieux compris
l'action du feu, que nous reconnois-
sons pour la plus forte dans la nature,
à que'qu'autre corps naturel, par exemple, à l'eau. Si l'on examine celle-ci
avec les meilleurs microscopes, on n'y
découvre jamais les particules dont elles
est composée : cependant il est impossible qu'elle n'en ait point ; & tout ce
que nous pouvons penser, c'est qu'elles
font extrêmement subtiles. Qu'on mette
l'eau sur le feu le plus ardent ; elle ne
sera jamais changée ni réduite qu'en vapeurs,

peurs qui étant rassemblées redeviennent
eau, & en conservent toutes les qualités. Qu'on réïtere cette expérience autant de fois qu'on voudra, l'eau rede-
viendra toujours eau : & si le feu pouvoit résoudre les particules de l'eau en
plus petites portions, certainement elles
formeroient en se ramassant un autre
fluide plus subtil que l'eau. Mais si le feu
qui a plus de force que tous les corps
naturels, ne le peut pas ; il faut convenir qu'il n'y a point de force dans la
nature qui le puisse : & de-là il s'ensuit
qu'on doit les concevoir comme des
corpuscules parfaitement durs , mais
s'ils sont tels, ce sont donc de vrais Atomes ; & je ne trouve jusques-là aucun
reproche à faire à la Doctrine des *Ato-*
mistes ; mais vouloir attribuer à ces
Atomes un mouvement spontané , &
la production fortuite de tous les corps
naturels du monde , ce seroit à peu prés
imaginer, que les lettres d'une Imprimerie ont pu sortir pendant la nuit de
leurs casses, & se ranger au hazard dans
les formes, passer sous la presse, & former le présent Livre. La production des
animaux & du genre humain dans le
Systême des *Epicuriens* n'est certaine-

ment pas plus raiſonnable qu'une pareille compoſition en fait d'imprimerie. Ils
enſeignoient encore que la Terre nou-
vellement formée contenoit la ſemence
& le plan de toutes choſes ; que le Soleil ayant opéré par ſa chaleur ſur les
endroits humides, il s'étoit formé des
eſpeces de-tumeurs ou bouteilles, dans
leſquelles comme dans des matrices les
fruits imparfaits s'étoient façonnés pendant quelque temps, juſqu'à ce qu'é-
tant parvenus à leur maturité, ils en
étoient à la fin ſortis ; que la Nature
avoit eu grand ſoin de l'entretien de ces
Etres nouveaux, en faiſant naître partout quantité de petites bouteilles ou
mammelles remplies d'un ſuc qui reſſembloit à du lait. Ils ajoûtoient, pour
légitimer leurs ſentimens, que cette fé-
condité de la Nature dans ſa premiere
jeuneſſe ne devoit paroître étonnante à
perſonne, lorſqu'on faiſoit attention à
cette quantité prodigieuſe de petits animaux & d'inſectes qui ſe forment encore tous les jours, & qui paroiſſent ne ſe
nourrir que d'un ſuc ſemblable. Ils diſoient en dernier lieu, que la ſemence
de la Terre s'étoit épuiſée avec le temps,
& qu'elle avoit ceſſé de produire des

animaux, comme une femme qui passe l'âge de faire des enfans cesse d'en avoir; & qu'enfin depuis ce temps-là toute génération se faisoit par le mêlange des deux sexes, &c.

Les Pleurs d'HERACLITE n'ont pas été plus avantageux pour la Philosophie que les Ris de *Démocrite*. ZENON, Auteur de la Secte *Stoïque*, adopta les sentimens du premier, & les débita dans son Ecole. Il enseigna, que le monde se dissolvoit par le feu après certaines périodes & se reproduisoit de nouveau ; que Dieu attiroit à lui & au dedans de lui tout l'Univers par ces embrasemens généraux, & qu'il le faisoit revivre ensuite en le retirant de lui-même; que dans ces embrasemens universels toutes les parties du monde, & même les moindres Divinités se confondoient dans la Divinité suprême, c'est-à-dire, dans l'Ame raisonnable & ignée ou l'Etre fondamental du monde ; que cet Etre se reposoit en lui-même pendant cette période ; qu'il contemploit sa Providence, & s'occupoit de pensées dignes de lui jusqu'à ce qu'il fasse une nouvelle reproduction du monde. *Zenon* décrit ce renouvellement d'une maniere singuliere. Lorsque Dieu est encore

ſeul, dit-il, il change toute la ſubſtance d'abord en air, & enſuite en eau. Or,
comme une plante contient ſa ſemence, ainſi Dieu, étant la ſemence fon-
damentale de tout le monde, il jette
dans ce fluide de quoi former une matiere capable de produire tout ce qui
doit exiſter. Les parties groſſieres de
cette matiere aqueuſe ſe précipitent &
forment la Terre, les ſubtiles compoſent l'air; & le feu ſe forme de celles
qui le ſont encore plus : les Elémens
étant produits de cette façon, leur mêlange fait naître les plantes, les animaux & tous les corps organiſés.

PYTHAGORE étoit moins habile Philoſophe que profond Mathématicien.
Une habitude contractée avec les nombres l'avoit rendu comme amoureux des
myſtéres qu'il y croyoit renfermés ; &
ſa plus chere occupation étoit de meſurer en droiture le trait d'une ligne courbe par une ſuite infinie de nombres myſtérieux. Sa *Coſmogénie* ne pouvoit être
fondée ſur d'autres principes, & l'on
peut dire qu'elle eſt véritablement mathématique. Il regarde les nombres
comme le fondement de toutes choſes,
& il explique par eux la production du

monde. La *Monade* & la *Dyade* sont
selon lui les deux sources de tous les
nombres. C'est d'elles que se forment
des points, de ceux-ci des lignes, des
lignes des surfaces, de celles-ci des
corps. Il reconnoissoit dans ces derniers
les quatre Elémens, le Feu, la Terre,
l'Eau & l'Air, qui selon lui étoient dans
des variations continuelles, & dont le
monde étoit produit; il croyoit le monde animé, raisonnable & parfaitement
sphérique, contenant au milieu la Terre, qui étoit une autre Sphére habitée.
Il enseignoit aussi que le monde étoit
formé du Feu & du cinquiéme Elément, & que, comme il n'y avoit dans
la Géométrie que cinq corps réguliers,
de même la Terre étoit produite du
Cube, le Feu l'étoit du *Tetraèdre*, l'Air
de l'*Octaèdre*, l'Eau de l'*Isocaèdre*, & la
Sphére du monde entier du *Dodécaè-
dre*.

CHAPITRE V.

Sentimens des CHINOIS *ſur la même matiere.*

JE crois en avoir aſſez dit touchant les rêveries des Anciens ſur l'origine du monde, & il eſt temps de penſer à débiter les miennes. Mais, avant de le faire, je dirai un mot des CHINOIS, Peuple qui ſe vante de lire avec deux yeux dans le Livre des Sciences, pendant qu'il n'en accorde qu'un aux Européens, & qu'il n'en donne point aux autres Nations. Ces génies, qui ſe croyent ſi ſupérieurs aux autres, ſoûtiennent, que Dieu eſt l'Ame matérielle de tout le monde, ou plutôt de ſa plus noble partie, c'eſt-à-dire, du Ciel ; que ſa Providence & ſa Puiſſance ſont limitées, quoique beaucoup ſupérieures à celles de l'homme ; qu'il y a pluſieurs Eſprits dans les quatre parties du monde, dans le Soleil, dans les Etoiles, dans les montagnes, les rivieres, les plantes, les villes, les maiſons, en un mot, dans tout ce qui compofe le monde ; que quelques-uns de ces Efprits font mau-vais & les caufes immédiates de la mifére & de toutes les calamités, aux-quelles la vie humaine eft fujette. Ces Philofophes ont pris le parti de diftri-buer ces efpeces d'Ames par toute laNa-ture, pour expliquer plus aifément les événemens naturels, & pour remplacer par-là le défaut d'une Toute-puiffance, & d'une Providence infinie qu'ils n'ac-cordent à aucun efprit, & qu'ils refu-fent même à l'Ame des Cieux. S'ils don-nent à celle-ci des qualités infiniment fupérieures à celles des hommes, par lefquelles elle opére fur la nature ; ils n'attribuent pas moins à chaque ame une vertu intrinféque, qui ne dépend nullement de la premiere, & qui agit fort fouvent contre fes intentions. C'eft ainfi que felon eux le Ciel gouverne toute la nature, comme le Souverain du monde. Les autres ames font des fu-jets qu'il contraint de lui obéir, mais dont il y en a qui manquent fouvent à leur devoir, & qui agiffent de leur pro-pre chef. Les Philofophes *Chinois* ont certains myftéres qu'ils ne révélent ja-mais au Peuple, par exemple, qu'il y a un *Vuide* qui eſt le commencement & la fin de toutes choſes ; que nos premiers peres en ont été formés, qu'ils y ſont retournés aprés leur mort, & que tous les autres hommes s'y diſſolvent de même en mourant ; que tout le genre humain, les Elémens & toutes les Créatures en ſont partie, enſorte que dans tout l'Univers il n'y ait qu'une ſubſtance qui ſe modifie en toute ſorte de corps, en prenant différentes formes, proprietés & combinaiſons, comme l'eau reſte toujours eau, ſon eſſence reſtant la même, quoiqu'elle prenne différentes formes de neige, grele, glace, pluye. Ils définiſſent cet Etre primitif une ſubſtance pure, claire, ſubtile & infinie, qui ne peut ni naître ni ceſſer, qui eſt parfaite par elle-même, & en même-temps la perfection de toutes choſes, qui eſt dans un repos perpétuel, mais qui n'a ni cœur, ni vertu, ni eſprit, ni puiſſance, parce que le principal attribut de ſon eſſence eſt de ne rien opérer, de ne rien appercevoir & de ne rien vouloir.

CHAPITRE VI.

Sentiment de DESCARTES.

LEs sentimens touchant l'Origine du Monde, que je viens de rapporter jusqu'ici, n'ont jamais été goûtés parmi nos Philosophes *Européens*, qui au contraire ont fort applaudi les Systêmes de trois Sçavans assez modernes, *Descartes*, *Burnet* & *Whiston*, qui ont tâché chacun à leur façon d'exposer d'une maniere vraisemblable l'Histoire de la production de la Terre, & qui, s'ils n'ont pas touché au but, y ont du moins visé d'une maniere qui leur a fait beaucoup d'honneur. Je joindrai ici en peu de mots le précis de ces trois Systêmes, & je prendrai la liberté de faire sur chacun d'eux quelques petites remarques.

Le célébre DESCARTES paroit plutôt avoir voulu nous donner une représentation ingénieuse de la Création, que d'expliquer la description simple que *Moyse* en fait. Pour suivre son idée, imaginons une masse énorme & aussi dure qu'un diamant, que Dieu brisa au commencement par sa Toute-puissance, & dans laquelle il mit en même-temps du mouvement. Les particules de la matiere agitées avec violence s'entrefrotterent, les angles s'abattirent, & il s'en forma une quantité de petites boules. Parmi les coins ou angles abattus il y en avoit de gros & d'autres très-subtils comme la poussiére, dont quelques-uns ayant reçu une forme fort angulaire, n'étoient pas propres au mouvement, mais plutôt fort sujets à s'accrocher & à tenir ensemble. Ces trois différens corps produits par le frotement de la matiere, forment les trois Elémens du Philosophe, dont voici la distribution. Le premier Elément formé par la matiere subtile, abattuë des angles des grosses parties, a produit le Soleil & toutes les Etoiles fixes; le second, composé de particules rondes, a formé l'Ether; & le troisiéme qui provient des morceaux angulaires, comme moins propres au mouvement, a produit la Terre, les Planettes & les Comé-tes. *Descartes* suppose ensuite, que le second Elément ou l'*Ether* forme en

tournant un tourbillon très-rapide , dont
le Soleil eft le centre , & que toutes les
Planettes nageant dans ce tourbillon en
font emportées , & forcées par - là de
tourner autour du Soleil ; qu'il y a de
pareils tourbillons autour de chaque
Etoile fixe ; que , tout étant plein dans
le monde, ces différens tourbillons fe
preffent & s'applatiffent aux extrêmités
où ils fe touchent ; qu'une Planette de
quelqu'autre tourbillon , tournant malheureufement pour elle dans ces endroits , où le nôtre le touche , elle en eft
engloutie , & forcée de tourner autour
du Soleil avec nos autres Planettes , &
que ces nouveaux venus entrés dans notre tourbillon forment ce que nous appellons les Cométes.

Cette narration de *Defcartes* eft fort
ingénieufe , mais elle le feroit encore
davantage fi elle paroiffoit vraifemblable. Il femb'e que tous ces tourbillons
n'ont jamais exifté que dans l'imagination de ce grand homme ; & il n'eft pas
difficile de prouver que fon Syftême eft
un vrai Roman en fait de Phyfique.
Comment a-t-il fçu que le monde avoir
été une maffe de cryftal que Dieu brifa
par fa Toute-Puiffance , & que les trois

Elémens ſe formerent de ſes débris ? La preuve d'un pareil fait, me dira-t-on, eſt impoſſible : auſſi ne le donne-t-on que pour une ſimple hypothéſe. Mais, ſi l'on veut la faire paſſer pour telle, il faut du moins qu'elle ait le mérite de la vraiſemblance, & qu'elle ſoit ſuffiſante pour pouvoir expliquer par là l'origine des corps ; au lieu qu'elle le trouve défectueuſe dans l'un & l'autre cas : car, comment pourra-t-on dériver la varieté infinie des corps de trois eſpeces de particules ? Comment nous fera-t-on comprendre que le mélange de ces Elémens & leur action méchanique a pu produire une plante ou un animal, ſans retomber dans les réveries d'*Epicure* ? Suppoſons même, qu'on ne voulût appliquer ces Dogmes qu'au Régne Minéral, comment pourra-t-on en deriver avec quelque vraiſemblance la différence des métaux d'avec les pierres & les ſels, ou des métaux entr'eux ? Et trouvons-nous par la Chymie les moindres veſtiges des Elémens de *Deſcartes* ? Ses tourbillons ſolaires ſouffrent autant de difficultés : car, s'il eſt vrai que l'*Ether* tourne en lignes courbes autour du Soleil, il faut néceſſairement ſelon les loix

certaines du mouvement, qu'il ait les
deux forces centrales, & qu'il les exerce
en même-temps. Quant à la force centrifuge, on pourroit supposer qu'elle lui
a été communiquée dès l'origine du
monde ; mais que dirons-nous de la
force centripéte ? Elle tendroit vers le
Soleil ; c'est-à-dire, que celui-ci, dans
lequel se trouveroit nécessairement le
principe de cette tendance, attireroit
l'*Ether*. Mais je demanderois en ce cas
s'il ne vaudroit pas mieux renoncer
tout-à-fait à l'*Ether* qui ne sert à rien ici,
& attribuer au Soleil une vertu capable
d'attirer les Planettes mêmes, & d'exciter en elles une force centripéte ? Car
quant à la force centrifuge, il est aisé
de concevoir, qu'ayant été une fois
communiquée à une Planette, elle doit
continuer d'agir éternellement, si le Systême Planétaire est vuide de toute matiere ; ou que du moins elle doit durer
pendant un temps infini, pourvu que la
matiere soit assez subtile, c'est-à-dire,
que ses particules soient entremêlées de
quantité d'espaces vuides.

Mais c'est-là précisément ce qui ne
quadroit pas avec les idées de *Descartes*.
Il étoit ennemi déclaré du Vuide qu'il

regardoit comme la choſe la plus abſurde du monde : mais comment pouvoit-
il penſer autrement, puiſqu'il étoit perſuadé que l'eſſence du corps conſiſtoit
uniquement dans l'étendue ? Sitôt qu'on
accorde cette propoſition, il s'enſuit naturellement, que partout où il y a de
l'étendue il faut auſſi qu'il y ait un corps.
Or, comme il y a de l'étendue partout
où il y a de l'eſpace, il faut auſſi qu'il
y ait un corps partout où il y a de l'eſpace ; donc il n'y a pas d'eſpace ſans
corps ; ou, ce qui revient au même, il
n'y a pas de vuide.

L'erreur gît dans la définition du
corps, qu'il a plu au Philoſophe d'imaginer. Et s'il nous eſt permis de fabriquer des définitions à notre fantaiſie, il
n'y aura plus de propoſition, quelque
fauſſe qu'elle ſoit, que nous ne puiſſions
démontrer mathématiquement. Ainſi le
même vice ſe trouveroit, ſi après avoir
rectifié la définition du corps, nous en
concevions une de l'eſpace qui donnât
à ce mot une ſignification différente de
celle qu'il a dans la vie commune ; car
en agiſſant de cette façon il ne ſeroit pas
difficile d'en tirer la conſequence de
l'impoſſibilité du vuide.

Si au contraire nous ne nous éloi-
gnons pas de l'idée commune que tout
homme raiſonnable attache à ce mot ,
nous concevrons ſans difficulté que non-
ſeulement l'idée du vuide ne renferme
rien de contradictoire, mais même qu'il
faut abſolument qu'il ait lieu dans le
monde. C'eſt auſſi ce qui à déterminé
le célébre M. *Neuton* à ſe déclarer en ſa
faveur, & perſonne, je crois, ne voudra diſputer à ce grand-homme la capacité de faire une définition & un ſyl-
logiſme dans la premiere figure, s'il n'en
falloit pas d'avantage pour réfuter la
réalité du vuide. Si l'on ôte de ma
chambre l'air dont elle eſt remplie, elle
reſtera pleine, me direz vous, d'une
matiere plus ſubtile. Soit ! mais ſi j'en
pouvois encore ôter celle-ci, que reſteroit il ? Une autre encore plus ſubtile ?
Otons-la auſſi, & je demande à la fin ,
ſi entre les quatre murs il y a de l'eſpace vuide ou non. Si non, il faut donc
qu'à meſure qu'on ôte la matiere les
murs ſe rapprochent & ſe touchent à la
fin ; ce qui eſt abſurde. Il eſt donc évident que l'idée du vuide ne renferme
rien de contradictoire , & il eſt donc
viſible qu'il y en a dans le monde ; &

cela d'autant plus qu'autrement il n'y auroit point de mouvement de corps, dont la différente peſanteur & l'inertie prouve encore le vuide d'une maniere très-diſtincte.

Les tourbillons de *Deſcartes* m'ont emporté bien loin de mon ſujet, que je vais reprendre après une ſeule remarque qui me reſte à faire ſur ces préten-dus véhicules des Corps céleſtes. Les Obſervations Aſtronomiques nous ap-prennent, que les Cométes traverſent preſque toujours obliquement le tour-billon *Cartéſien* de notre Soleil, qui au contraire devroit les emporter par ſon mouvement de rotation comme les Pla-nettes, & il ſemble que ces nouveaux corps céleſtes ont achevé de perdre de réputation les tourbillons, que pluſieurs faits de Phyſique avérés avoient déjà mis en mauvaiſe odeur. On ne doit pas moins eſtimer pour cela ce grand hom-me qui s'eſt immortaliſé par ſes Ouvra-ges ſolides & admirables ſur l'Optique, l'Arc-en-Ciel, &c. Et s'il n'a pas été plus exempt d'erreurs que tous les au-tres hommes, la Phyſique ne lui doit pas moins de remercimens, pour avoir oſé ſecouer le joug d'*Ariſtote*, & commencer à porter de la clarté dans l'empire des ténébres.

Pour revenir à l'Hiſtoire de Terre, *Deſcartes* prétendoit, qu'elle avoit été originairement une Etoile, dont le tourbillon avoit choqué celui du Soleil ; que depuis ce temps là elle s'étoit obſurcie peu à peu, & avoit gagné des tâches ſemblables à l'écume d'un pot ſur le feu ; que ces tâches s'étoient ſucceſſivement augmentées & étoient devenuës plus épaiſſes ; qu'à la fin cette étoile avoit perdu ſa lumiere, & en même temps ſon activité ; que ſon tourbillon s'étant affoibli n'avoit pu réſiſter davantage à celui du Soleil qui s'étoit à la fin attaché à l'Etoile éteinte, pour la chaſſer autour de lui comme elle fait les autres Planettes.

En faiſant abſtraction des tourbillons, je ne vois aucune impoſſibilité que les Etoiles fixes deviennent des Planettes, & celles-ci à leur tour des Etoiles. Je trouve au contraire ces ſortes de Révolutions très-conformes aux maximes de la Nature. Nous obſervons à l'égard de tous les Corps Terreſtres, qu'ils périſſent après avoir duré pendant quelque temps, & que d'autres les remplacent.

Les hommes & une quantité innombrable d'animaux meurent , & il en
vient d'autres à leur place ; & nulle efpece d'animaux ne peut s'anéantir que
par la perte totale de la Terre. Il en eft
de même des Plantes ; & ni les Métaux
ni les Pierres ne font exemptes de cette
loi : le temps les détruit ; ils tombent en
pouffiere , il eft vrai ; mais les Naturaliftes nous apprennent que tout ce qui
eft du Régne minéral a fa croiffance &
fe reproduit de nouveau. Pourquoi voudrions nous refufer ces mêmes Révolutions aux Planettes & au Soleil ?

D'ailleurs il n'y a rien de fi aifé à
comprendre que le déperiffement & la
reproduction de ces Corps céleftes. Nous
obfervons fur la furface du Soleil des
tâches, que certains Phyficiens prennent
pour de la fumée ou des exhalaifons qui
s'élevent du feu folaire , & que d'autres
croyent plutôt des parties folides du Soleil, qui lui fervent de nourriture, ou qui
peut être font déjà confommées. Je
préfume , que les uns & les autres ont
raifon ; les tâches , qui reftent plus long-
temps derriere que devant le Soleil,
me paroiffent être des exhalaifons ; au
lieu que celles , qui font auffi long-

temps viſibles qu'inviſibles, ne peuvent être que des parties ſolides du Soleil : car, comme l'Atmoſphére du Soleil qui porte ſes exha'aiſons eſt plus éloignée de ſon centre que ſa ſurface ; il eſt évident par les principes de l'Optique, que les tâches de la premiere eſpece doivent reſter plus long-tems en *occultation* qu'en apparition. Les autres au contraire, qui tournent également avec le Soleil, doivent ſe trouver ſur ſa ſurface, & je ne vois rien qui empêche qu'on ne les regarde comme faiſant partie de la matiere Solaire, ſoit qu'elles brûlent encore ou qu'elles ſoient déjà conſommées. Cela étant, le Soleil ne ſe pourroit-il pas conſommer un jour tout-à-fait & s'envelopper d'une croûte ? Et que deviendroit-il alors, ſinon un Corps céleſte opaque, & tel que ce qu'on appelle Planette ? Pluſieurs Etoiles fixes, que les Aſtronomes ne retrouvent plus au Firmament, ont ſans doute ſubi ce même ſort. C'étoient des Soleils, dont la lumiere s'eſt éteinte, & qui ſont devenus Planettes. Il eſt vrai qu'il faut un temps conſidérable, pour qu'une pareille Révolution arrive à un corps auſſi énorme que notre Soleil, qui eſt un

million de fois plus gros que la Terre ;
& il y a de plus une autre cause physique
qui fait que les feux Célestes ne se con-
somment pas si vîte que ceux que nous
connoissons ici bas. Le Soleil a vraisemblablement son Atmosphére , qui étant
exrrêmement rarefiée par son ardeur doit
être d'une étendue immense. C'est elle
sans doute qui cause cette lumiere Zo-
diacale , qui selon le célébre M. *de
Mairan* fournit la matiere aux queües
des Cométes. Or , pour revenir à mon
sujet , les Naturalistes ont prouvé , que
les Planettes mêmes gravitent vers le
Soleil en raison inverse des quarrés de
leurs distances : à plus forte raison doit-
on attribuer cette même gravitation à
la fumée & aux exhalaisons qui s'élevent dans l'Atmosphére Solaire. Cela
étant , il faut conclure aussi que s'étant
accumulées à un certain point , elles retombent à la fin par leur pesanteur sur
le corps Solaire , de même que les vapeurs de notre Atmosphére retombent
sur la Terre. Toute fumée est composée de particules qui s'enflamment aisément , & il ne leur faut pour redevenir
flamme qu'un degré de plus de chaleur , comme nous le voyons tous les

jours par la fumée d'une bougie éteinte : d'où il eſt évident que la fumée re-
tombant ſur le Soleil , doit s'enflammer
de nouveau , & contribuer par-là à en-
tretenir ſon feu ; ce qui n'a lieu dans aucun feu Terreſtre, dont la fumée ſe diſ-
perſe ſans jamais retomber dans la flamme. Si nous pouvions jouir de ces mêmes avantages pour nos feux ici bas , il
ne nous ſeroit plus difficile de faire des
lumieres , ſi non éternelles , du moins
très durables , & à l'envi de l'Antiquité
nous pourrions mettre des lampes in-
combuſtibles dans les tombeaux des
Phyſiciens.

.Ce que je viens de rapporter juſqu'ici
a ſervi à faire voir qu'un Soleil peut
après un temps immémorial devenir
Planette. Il eſt de même fort aiſé de
prouver qu'unePlanette peut ſe changer
en Soleil ou en Etoile fixe. Il ne faut,
pour cet effet qu'une conflagration de
la Planette: & pourquoi voudrions-nous
la croire impoſſible ? Notre Terre en eſt
une preuve. Elle abonde en Volcans ,
nous éprouvons des tremblemens ſoûterrains ; ſes entrailles ſont remplies de
matieres combuſtiles ; & par qu'elle raiſon douterions nous, qu'un tremble-

ment univerfel ne puiffe un jour la mettre en combuftion entiere? Il femble que la raifon même nous montre au doigt la poffibilité du dépériffement de la Terre par le feu, que les Théologiens lui prédifent fur la foi de la Révélation. Un pareil événement arrivant à la Terre, ne feroit autre chofe que changer une Planette en Etoile fixe. Je prévois l'embarras de mes Lecteurs : Ils craindront qu'elle ne devienne Cométe? Mais que rifqueront-ils d'avantage? L'une & l'autre eft un Aftre qui brûle, & la Cométe ne différe de l'Etoile fixe que par fa queuë & par fon mouvement, qui fe fait autour du Soleil comme celui des Planettes, dans des aires fort inégales en apparence, je l'avoue, mais toujours proportionnées aux temps périodiques. Nous verrons par la fuite de cet Ouvrage, fi notre Terre a fubi une pareille révolution, & fi en effet elle a brûlé avant d'être habitée.

CHAPITRE VII.

Sentiment de BURNET.

THOMAS BURNET, Sçavant Anglois, nous raconte l'Hiſtoire de la Terre dans ſon origine & dans ſes commencemens ; & ſon Ouvrage porte pour titre *Theoria Telluris Sacra*. Examinons en peu de mots , juſqu'à quel point cet Hiſtorien a rempli ſon ſujet. Sans remonter à l'origine de l'Univers entier , qui , ſelon lui , précéde de beaucoup la Création *Moſaïque* de la Terre , il ſe borne uniquement à la formation de notre Terre elle-même ; & il prétend qu'elle a été produite d'un *Cahos* ou amas confus de toute ſorte de corps de la maniere ſuivante. La premiere Révolution , qui lui eſt arrivée , a cet amas , a été , que les parties les plus groſſes & les plus peſantes ſe ſont précipitées vers le centre de notre Monde , où étant de plus en plus comprimées , elles ſe ſont durcies par degrés. Le reſte de la maſſe , qui ſurnageoit , s'eſt de même ſéparé ſelon les loix de la peſanteur en deux eſpeces de fluides : les particules les plus legeres & les plus actives s'étant détachées peu à peu des autres, ſe ſont élevées, & ont produit l'air ; les plus groſſes au contraire ſont reſtées ſur la ſurface, & ont formé l'eau. Quantité de particules huileuſes dont l'eau étoit remplie ſe ſont élevées & ont ſurnagé ſur elle. L'Auteur ſuppoſe enſuite, que l'Air après ſa premiere formation étoit encore fort épais, groſſier & opaque, à cauſe de quantité de particules terreſtres dont il étoit reſté chargé, après que les plus groſſes s'étoient précipitées ; que ces moindres particules ſont deſcenduës par la ſuite, mais fort lentement ; qu'étant tombées ſur les parties huileuſes qui ſurnageoient ſur les eaux, elles en ont été enveloppées & arrêtées dans leur deſcente, & que s'étant intimément mêlées avec cette ſubſtance huileuſe, elles ont formé une eſpece de limon ou terre graſſe & legere, qui s'eſt répanduë ſur la ſurface des eaux ; que cette croûte mince de terre s'eſt épaiſſie peu à peu, à meſure que les particules terreſtres de l'air ont pu ſe précipiter, attendu que quelques-unes

ont

ont eu beaucoup de chemin à faire pour
arriver des plus hautes régions de l'Air;
& que d'autres étant très - legeres ont
voltigé pendant long - temps avant d'a-
voir pu fedétacher & fe précipiter tout-à-
fait; que ces particules étant à la fin
toutes arrivées, & s'étant mêlées de plus
en plus avec le fluide huileux, l'ont im-
bibé & fe font confolidées avec lui, ne
faifant plus qu'un même corps Ce fut
là, felon M. *Burnet*, la premiere fubftan-
ce folide & durable qui fe forma fur la
furface du *Chaos*, & qui devint à la fin
une Terre habitable, comme la Nature
l'avoit prémédité. Il croit qu'une pareille Terre devoit répondre à toutes
les vues d'un monde naiffant : car comment pourroit-on imaginer, dit-il, une
pépiniere plus convenable aux végétaux
& aux animaux, qu'un terrain formé
d'une terre legere & douce, mélée de
bon fuc, & fans aucune réfiftance contre l'action du Soleil, ou de tout autre
Etre agiffant que l'Auteur de la Nature
ait pu ordonner, pour la production
des chofes naturelles fur la Terre naif-
fante ? Il prétend, en un mot, que fon
explication eft tout - à - fait conforme
aux anciennes Defcriptions du limon

dont notre Terre doit être formée.

La plus grande difficulté, que je trouve dans le Syſtéme de M. *Burnet*, me paroît réſider dans ſa façon d'expliquer la formation de la croûte extérieure de la Terre : car, pour ne pas dire, que le fluide huileux, qu'il fait nager ſur l'eau, n'eſt qu'une pure fiction ; c'eſt contredire les loix hydroſtatiques, que l'Auteur établit ſi pompeuſement lui-même, que de ſuppoſer, comme il le fait, que la précipitation des particules terreſtres ait pu former une croûte de terre ſur ce fluide huileux : car la terre, comme plus peſante, auroit dû aller au fond, & le fluide ſurnager.

Il eſt vrai, cependant, & il le faut avouer en faveur de ſon Syſtême, qu'une pareille croûte étant toute formée, auroit pu ſe ſoûtenir ſur l'eau & en être enveloppée de tous côtés : car, en la ſuppoſant partout d'une égale épaiſſeur, ſa tendance au centre de la Terre auroit été également forte de toutes parts, & l'impénétrabilité de la matiere auroit empêché les parties de ſe céder les unes aux autres. Ma propoſition deviendra plus claire par l'expérience ſuivante : Qu'on faſſe une petite ouverture aux deux extrêmités d'un œuf, & qu'on en ôte ce qu'il renferme pour avoir la coque vuide : Qu'on mette celle-ci dans une veſſie toute remplie d'eau, & qu'on charge la veſſie de tant de poids qu'on voudra ; il eſt certain que, tant que la veſſie ne crévera pas, la coque d'œuf reſtera entiere, par la réſiſtance & l'impénétrabilité de la matiere & de celle de l'eau. Au reſte, quoique je ne ſois pas d'avis, que la peſanteur des corps terreſtres vienne de la preſſion de quelque fluide, & que je l'attribue plutôt à la vertu attractive de la Terre & de la matiere renfermée dans ſon centre ; je crois néanmoins volontiers que l'un & l'autre reviennent au même, & qu'il eſt indifférent que la croûte en queſtion ſoit comprimée, ou qu'elle ſoit attirée également de toutes parts vers le centre de la Terre.

Pour revenir au Syſtême de M. *Burnet*, il me paroît difficile à croire, qu'avant le Déluge il n'y ait pas eu de montagnes ſur la Terre, pendant qu'il eſt certain qu'elles lui ſont d'une utilité indiſpenſable à pluſieurs égards, comme il a été prouvé fort amplement par M. *Derham* dans ſa *Phyſico-Théologie*. Une de leurs principales utilités eſt ſans contredit qu'elles ſont l'origine & le dépôt des ſources ſi eſſentielles pour tout ce qui exiſte dans notre monde terreſtre. Selon la Théorie de Monſieur *Burnet* néanmoins il n'y auroit point d'eau ſur la Terre , ni même de pluye , qui ne peut venir que des vapeurs aqueuſes élevées dans l'air ; & je ne comprens pas comment auroient pu ſubſiſter ſans une goutte d'eau les plantes, les animaux & les hommes ? Quand même on voudroit ſuppoſer avec notre Auteur , qu'un tremblement de terre eût pu faire ſortir de l'eau de certains endroits , comme il ſoûtient poſitivement que les eaux du Déluge ſont ſorties de la Terre par un tremblement univerſel ; il faut convenir néanmoins qu'une pareille façon d'arroſer notre Globe ne repondroit guéres aux vûés pour leſquelles il paroît deſtiné. Quoi qu'en puiſſe dire notre Auteur , il eſt certain qu'il n'y a pas actuellement trop d'eau ſur la Terre ; & s'il y en avoit eu moins avant le Déluge , elle auroit manqué de la quantité ſuffiſante de pluye qu'il lui faut dans le cours de l'année pour faire ſes fonctions. Elle auroit été par conſequent beaucoup

plus imparfaite qu'elle n'eſt aujourd'hui ;
ce qui cependant ne paroît pas vraiſemblable, & ne s'accorde point du tout
avec la Relation de *Moyſe.* Il eſt vrai
que preſque toutes les fois qu'un Pays
eſt englouti par un tremblement de
Terre, il s'éleve de l'eau à ſa place ; mais
je ne vois pas comment, en voulant
expliquer de même le Déluge , la croûte Terreſtre auroit pu remonter au-deſſus des eaux , & les faire rentrer dans
les abîmes pour laiſſer le Pays à découvert.

Non-obſtant toutes les difficultés qui
affectent la Théorie de M. *Burnet*, il
faut convenir qu'elle eſt très-ingénieuſe
& beaucoup plus vraiſemblable que
celle de *Deſcartes.* Une des plus grandes contradictions qui ſe trouve néanmoins encore entre le Syſtême de notre
Philoſophe Anglois & la Nature même,
& qu'il ne faut pas taire , eſt que ſelon
ſes principes les couches de la Terre
devroient être de plus en plus peſantes ,
à meſure que l'on creuſe plus avant dans
ſes entrailles ; pendant que l'expérience journaliere des Mineurs en prouve
le contraire évidemment : il arrive aſſez
ſouvent en effet qu'un certain nombre

de couches se succedent dans l'ordre de la pesanteur spécifique des matieres ; mais cet ordre est si peu constant qu'il est bientôt interrompu par d'autres matieres plus legeres ; comme l'on peut le voir dans l'*Histoire du Caillou* du célébre M. *Henckel*. Mais d'un autre côté il faut convenir, que M. *Burnet* a raison d'établir pour principe, que la Terre a été autrefois un *Cahos* fluide, mêlé de terre & d'eau. Il ne débite cette vérité que comme une hypothése ; mais nous tâcherons de la démontrer dans la suite de cèt Ouvrage. Le meilleur parti d'ailleurs qu'on puisse prendre en fait de ces matieres, est de suivre la regle de l'Apôtre, qui dit : *Essayez tout, & gardez le bon.*

CHAPITRE VIII.

Système de WHISTON.

GUILLAUME WHISTON, Anglois célébre & fort sçavant, a publié un Ouvrage admirable, intitulé *Theoria*

Telluris Nova, dans lequel il tâche d'expliquer d'une maniere intelligible par la Doctrine des Cométes toutes les Révolutions capitales arrivées à notre Terre. Son fentiment a été fort applaudi en Angleterre, & M. M. *Cluver*, *Heyn* &, d'autres l'ont défendu en Allemagne avec beaucoup de fuccès contre les objections de certains Sçavans de mauvaife humeur. On regarde généralement la Théorie de ce grand homme comme la plus conforme de toutes aux paroles de l'Ecriture Sainte; & c'eft précifément cette grande conformité qu'on y trouve, qui fait qu'on lui attribue volontiers plus de certitude, & qu'on la pouffe fouvent, cette certitude, plus loin que l'Auteur ne l'a fait lui-même. Je voudrois qu'on regardât les penfées de chaqu'Auteur comme la monnoye qui n'a pas toujours le poids qu'elle doit avoir : on ne la jette pas pour cela ; mais auffi ne prétend-on pas la prendre felon fa valeur extrinféque : on prend un jufte milieu, & on l'eftime autant qu'elle pefe. C'eft la raifon qui doit décider du poids & du mérite d'une penfée; & s'il s'agiffoit de la peindre, la raison, je lui donnerois une balance à la main, pour peser & réduire à sa juste valeur le certain, le plus ou moins vraisemblable, le douteux, l'incertain, le faux, &c. J'avoue volontiers, que M. *Whiston* a eu l'adresse d'orner de beaucoup d'érudition le plan ingénieux de son Systême ; mais je n'ai pas assez de foi pour croire, que *Moyse*, en nous donnant une Description de la Création & du Déluge, ait pensé à une Théorie des Cométes semblable à celle d'aucun de nos Auteurs. Je crois aussi qu'on peut agir par de bons motifs, en tâchant d'expliquer certains endroits de l'Ecriture Sainte par des causes naturelles, pour ne pas accumuler inutilement les miracles ; mais ce n'est pas s'en acquitter comme il faut que de débiter des fantaisies & des jeux d'esprit, qui ont à peine quelque legere vraisemblance. Mon but n'est pas de donner dans cet Ouvrage une explication des *Livres* de *Moyse*, que je regarde comme une entreprise au-dessus de mes forces ; je me contenterai de faire quelques réfléxions sur les sentimens de M. *Whiston*, autant qu'ils regardent l'Histoire Naturelle. Un

Livre écrit avec tant d'eſprit mérite
certainement qu'on l'examine avec toute
l'attention poſſible.

Notre Auteur s'accorde avec *Burnet,*
en ce que l'un & l'autre ne regardent la
production de la Terre que comme une
nouvelle Révolution qui l'a miſe dans
l'état où elle ſe trouve aujourd'hui. La
Terre n'avoit été juſques-là qu'un vrai
Chaos , & elle avoit fait ſa tournée autour du Soleil environ dans l'eſpace d'un
an , ſans tourner ſur ſon axe. Il a fallu
ſix ans pour former de cette maſſe con-
fuſe une Planette telle que nous la
voyons aujourd'hui. Elle reſſembloit
dans ſa premiere année à une Cométe
brûlée , & elle étoit déſerte & vuide ;
mais les particu'es les plus groſſieres de
l'Atmoſphére s'étant précipitées vers le
noyau de la Cométe , elle fut entourée
d'eau ; & l'air ſe purgea tellement de
vapeurs , que le Soleil commençoit à
éclairer la Terre , quoiqu'auſſi foible-
ment que lorſqu'un brouillard épais in-
tercepte ſes rayons. Il en tomba encore
davantage dans la ſeconde année ; mais
il en reſta toujours dans l'Atmoſphére ,
& ceux qui auroient été alors ſur la
Terre , n'auroient pas encore pu voir les

C v

Etoiles. Dans la troifiéme année les eaux, qui étoient tombées fur la Terre, defcendirent vers les endroits les plus bas, où elles formerent des Lacs : car les grands Océans ne font felon lui que les fuites du Déluge. Le Soleil ayant gagné plus de force par un air purifié de plus en plus, commença en cette même année à produire des plantes. L'air fe nettoya tout-à-fait dans la quatriéme année ; & dans la cinquiéme & la fixiéme on vît naître des animaux & des hommes.

Il me paroît que ce grand homme a pouffé à l'excès un défaut affez ordinaire à tous les Sçavans : c'eft d'être trop ennemi de tout ce qui fent le préjugé. J'avoue qu'il n'eft pas raifonnable de s'affujetir à tous ceux qui dominent le commun des hommes ; mais je crois auffi qu'il eft dangereux de fe révolter généralement contre tous, fans vouloir les approfondir.

Pour porter un jugement précis de la Théorie de ce Philofophe, il fera néceffaire de rappeller ici quelque chofe de la Doctrine des Cométes, attendu que M. *Burnet* non-feulement fait venir la Création de l'action de ces corps cé-

ſeſtes , mais même il leur attribue le
Déluge. Celle qui a paru en 1680 a
répandu beaucoup de lumiere ſur la
Doctrine de ces Aſtres extraordinaires ,
& a achevé de diſſiper les frayeurs terribles , que leurs apparitions cauſoient
auparavant aux habitans de l'Europe.
Cependant il faut avouer, que non-obſtant toutes les Obſervations & les calculs pénibles des Aſtronomes , nous ne
ſommes pas encore fort avancés dans la
connoiſſance des Cométes ; & il ne faut
pas s'imaginer que leur Théorie ait at-
teint le même dégré de certitude que
celles des Ecliples du Soleil & de la
Lune ; cette Théorie me paroît un peu
plus vraiſemblable , que les conjectures que nous formons ſur les habitans des
Planettes.

Les Sçavans ont de tout temps va-
rié ſur la nature & ſur le ſiége de ces
Aſtres. Les uns les ont pris pour des
Météores , d'autres pour des Nuës céleſtes , ceux-ci pour des corps diapha-
nes , ceux-là pour des Planettes arden-
tes , &c. Le prèmier ſentiment eſt faux ,
le ſecond n'eſt guéres probable , le troiſiéme eſt incertain , & le dernier a beaucoup de vraiſemblance ; mais on ne

sçauroit le démontrer, ni lever bien des difficultés ausquelles il est sujet. *Aristote* n'avoit point d'autre idée des Cométes que celle que nous nous faisons de la Foudre & de l'Aurore Boréale. Il les comptoit parmi les Météores ignés, & les plaçoit par conséquent dans notre Atmosphére ; mais la fausseté de ce sentiment est évidente, parce que les Cométes n'ont presque point de parallaxe sensible, & qu'elles tournent en apparence autour de la Terre en 24 heures comme les autres Astres. Le grand *Kepler* les regardoit comme des nuës célestes, croyant qu'elles se formoient des exhalaisons des Planettes. Mais d'où se formeroient-elles ? Ne sçait-on pas que la pesanteur comprime & contient la matiere de chaque Planette, au point que la moindre poussiere ne peut s'en éloigner que jusqu'à une certaine distance ? Et d'où viendroit enfin la queuë de la Cométe ? Ceux qui prétendent, que les Cométes sont des corps transparens, avancent ce qu'ils ne sçauroient jamais prouver. Il semble, il est vrai, qu'on pourroit en quelque façon prouver par-là la formation de la queuë de la Cométe ; & en effet les rayons du Soleil passant

par une ſphére de verre, ſont rompus,
& ils le ſont de ſorte que s'étant entrecoupés à la diſtance du quart du diamétre de la Sphére, ils continuent en
divergent, & en formant à peu près la
figure de la queue d'une Cométe directement oppoſée au Soleil. Mais cette
explication tombe par elle-même, ſi
l'on conſidére, que les rayons de lumiere ne s'apperçoivent pas, lorſqu'il
n'y a point de corps qui les réfléchiſſe
dans nos yeux ; & quel corps imagine-
rons-nous qui faſſe réfléchir les rayons
du Soleil uniquement de derriere le
noyau de la Cométe, plûtôt que de
tout le reſte du Firmament ? Ce fut M.
Newton qui imagina le premier, que
la queuë de la Cométe étoit formée de
fumée & d'exhalaiſons qui s'élevoient
de cet Aſtre, & qu'elle étoit éclairée
du Soleil. En effet un corps auſſi denſe que la fumée eſt en état de réfléchir
la lumiere, même à des diſtances conſidérables, comme nous le voyons par
les fumées legeres de nos petits feux
Terreſtres. Il explique pourquoi la
queuë de la Cométe eſt toujours à l'op-
poſite du Soleil. C'eſt, dit-il, parceque
la fumée étant un corps leger, tend

toujours à s'éloigner du centre de la pesanteur ; ainsi comme c'est précisément vers le Soleil que la Cométe gravite , il s'ensuit naturellement que sa queuë doit se trouver à l'opposite du Soleil. Cette explication, quelque plausible qu'elle paroisse , ne laisse pas d'avoir ses difficultés. Nous sçavons qu'il n'y a pas de corps positivement legers, & *Newton* lui-même n'a jamais pensé à les admettre dans la Physique. Cela étant , il faudroit donc supposer autour de la Cométe un autre fluide plus pesant que la vapeur de celle ci , & qui gravitât vers le centre du Soleil plutôt que vers celui de la Cométe. L'*Ether* , tel que les Physiciens l'imaginent, est de beaucoup trop subtil , pour que la matiere de la queuë s'y tienne suspenduë, & je ne vois pas quelle autre matiere on peut concevoir dans ces hautes régions du Firmament.

Quoi qu'il en soit, M. *Whiston* a suivi en tout les traces de ce grand Philosophe , & selon lui une Cométe n'est autre chose qu'une Planette enflammée. Les Astronomes des nos jours assurent d'une voix unanime , que ces corps célestes décrivent les Planettes autour du Soleil des Aires proportionnées aux temps périodiques de leur mouvement ; & comme les Planettes observent cette même loi, on a conclu de-là que les Cométes font des Aftres conftans qui gravitent vers le Soleil, & tournent autour de lui dans des périodes réglées. Cependant il réfte beaucoup d'obfcurité dans ces nouvelles Théories, & les Aftronomes font fouvent affez malheureux malgré l'exactitude de leurs calculs, pour faire de fauffes prédictions fur le retour des Cométes. Le célébre M. *Bernoulli*, à qui fa profonde fcience avoit acquis la réputation d'un Oracle, a interrompu pendant plus d'une nuit le fommeil de tous les Aftronomes de l'Europe ; mais les Cométes qu'il avoit annoncées ne trouverent pas à propos de paroître.

Après-tout je conviens volontiers, qu'il eft plus raifonnable de croire, que les Cométes font des Planettes enflammées, que de les mettre au rang des Météores, Nuës, &c. & cependant il me paroît, que ce fentiment ne mérite encore que le titre d'Hypothéfe, dans laquelle felon moi la longueur énorme de la queuë n'eft pas moins difficile à expliquer que ſa direction. Suppoſons pour un moment que notre Terre fût miſe en combuſtion, & qu'elle brûlât tout autour de ſa ſurface. Il eſt certain que l'Air qui l'environne ſe dilateroit conſidérablement, & que ſon Atmoſphére occuperoit beaucoup plus de place qu'à préſent, mais deviendroit-elle par-là infiniment plus grande que le diamêtre terreſtre, comme nous le voyons aux Cométes, dont les queues ne ſont plus comparables aux noyaux ? D'ailleurs cette Atmoſphére immenſe ſeroit chargée d'une quantité prodigieuſe de vapeurs aqueuſes, chaſſées par le feu de la Terre, qui la condenſeroient & la rendroit plus épaiſſe. En ſuppoſant cette Atmoſphére tranſparente, les rayons du Soleil A B & C B, (*Planche I. Fgure I.*) en y entrant ſe romperoient vers la ligne perpendiculaire, & s'étant entrecoupés en E, ils continueroient leur chemin en divergent vers F & G ; c'eſt-à-dire, qu'il ſe formeroit une queuë ſemblable à celles des Cométes. Mais je demande, ſi une Atmoſphére chargée de tant de vapeurs de toute eſpece pourroit être tranſparente ? Il ſemble que l'expérience prouve le contraire par un temps cou

vert, & il me paroît plus conforme aux
principes de la Phyſique, qu'un corps
compoſé de matieres de différentes den-
ſités ſoit opaque. En ôtant la tranſpa-
rence à l'Atmoſphére de la Cométe,
elle n'auroit plus de queuë, & ſon Atmoſphére étant éclairée du Soleil, on
la verroit comme un gros corps rond
d'une lumiere pâle avec un centre ou
noyau plus clair que le reſte.

Suppoſons même, que la Terre ait
été une Cométe avant la Création, &
qu'ayant tourné en cet état autour du
Soleil dans une Ellipſe longue & étroite,
elle ſe ſoit embraſée par la proximité
du Soleil : par quel hazard cette orbite
allongée auroit elle pu ſe changer en
une autre plus courte & moins étroite ?
Par un miracle, me direz-vous ? Mais
en ce cas nous n'aurions qu'à placer
d'abord la Terre à l'endroit où elle eſt
à préſent, & il ne ſeroit pas néceſſaire
de la faire paſſer auparavant par l'état
de Cométe. Nous voyons par-là que le
Syſtême de M. *Whiſton* n'eſt pas bâti
ſur des fondemens auſſi ſolides qu'on
s'imagineroit ; mais qu'importe : on eſt
toujours porté à croire ce qui flate l'i-
magination d'une maniere extraordinai-

re ; & d'ailleurs on eſt dans la prévention que les paroles de *Moyſe* ont abſolument beſoin d'une explication Phyſique.

Nous devons dire la même choſe de l'explication que ce Sçavant Anglois donne du Déluge. Elle eſt de même fondée ſur la Doctrine des Cométes, & par conſequent ſujette à autant de difficultés que ſa Théorie de la Création de la Terre : Nous allons l'examiner en peu de mots.

CHAPITRE IX.

Hiſtoire des Cométes.

NOus apprenons par les Livres de *Moyſe*, & par les Ouvrages des Anciens Hiſtoriens & des Poëtes, qu'anciennement la Terre a ſouffert une inondation très-conſidérable, que nous appellons communément le Déluge. Le ſentiment général eſt, que la ſurface de la Terre a été couverte d'eaux de toutes parts. Il n'eſt pas difficile d'en comprendre la poſſibilité, dès qu'on n'en veut alléguer d'autre cause que la Toute-Puissance de Dieu ; mais, lorsqu'il s'agit d'expliquer l'universalité du Déluge par des causes naturelles, on y rencontre plus de difficultés qu'on ne croiroit, & l'on apprend, comme dans bien d'autres cas, que la Foi & la Philosophie ne s'accordent pas toujours ensemble. Il est impossible qu'une simple pluye ait pu produire autant d'eau qu'il falloit pour environner toute la Terre, & pour inonder même les plus hautes montagnes : quand même toute l'Atmosphére auroit été changée en eau, elle n'en auroit pas pu former une quantité suffisante pour produire cet effet ; pour ne pas dire, qu'il est impossible que l'Air se change en eau ; car, supposons qu'il devînt 800 à 1000 fois plus dense qu'il n'est à présent, il auroit alors la même pesanteur que l'eau ; le bois & d'autres corps legers y surnageroient, & nous pourrions nous y promener en bateau. Mais voudroit-on dire pour cela, que l'air est réellement changé en eau ? Les bons Physiciens ne conviendront jamais d'une pareille métamorphose, & selon eux l'air l'eau seront deux corps & d'une

nature tout-à-fait différente. Pour n'en
citer qu'un exemple, pourquoi l'eau ne
ſe laiſſe-t-elle pas comprimer comme
l'air ? Vous me direz peut-être, parce
qu'elle eſt plus denſe. Mais ſi l'on fait
attention, qu'elle eſt encore vingt fois
plus legere que l'or, on concevra par-
là qu'il ne doit pas être abſolument
impoſſible de la réduire en moins d'eſpace, & nous voyons en effet, que,
quand le froid la condenſe, le corps ſolide qui s'en forme par la gelée, ne
prend aucunes propriétés des Métaux,
Pierres ou autres corps ; il conſer-
ve toujours celles de l'eau, & nous apprend par-là, que les petites particules
d'un corps d'une certaine eſpece différent toujours eſſentiellement de celles
d'un corps d'une autre eſpece, & que
nous ne devons regarder les transforma-
tions mutuelles des Elémens, que comme des témoignages ſurs de là ſimpli-
cité des anciens Philoſophes. Mais ſuppoſons même qu'il fût poſſible, que
l'air à force d'être condenſé pût ſe changer en eau ; quelle force imaginerons-
nous, qui eût pu effectuer une pareille
condenſation ? Elle s'eſt faite par un
miracle, me direz-vous. Je n'ai rien à

y répondre, ſinon qu'il auroit été auſſi
aiſé à Dieu de créer autant d'eau qu'il
falloit, & de l'anéantir enſuite, que de
changer l'air en eau par condenſation.

M. *Burnet* prétend, que toutes les
eaux de la Terre étoient au commencement renfermées au dedans de la croûte
terreſtre, & que l'Ecliptique ne faiſant
pas encore alors l'angle de 23°, 29,
avec l'Equateur, comme aujourd'hui,
un certain diſtrict de cette croûte s'é-
chauffa conſidérablement pendant pluſieurs ſiécles, & changea les eaux renfermées au-deſſous d'elle en vapeurs,
qui la firent crever en pluſieurs endroits,
& donnerent pleine iſſue aux eaux ſoûterraines. Mais, ſans compter les difficultés alléguées ci-deſſus contre le Syſtême de ce Sçavant, il ne paroît pas
vraiſemblable, que l'Ecliptique ait fait
autrefois avec l'Equateur un angle différent de celui d'aujourd'hui, attendu
que nous ſommes en état de prouver,
que l'inclinaiſon préſente de la Terre
eſt la plus convenable à ſes habitans, &
qu'on ne ſçauroit imaginer aucune cauſe qui eût pu déranger la direction de
ſon Axe. D'ailleurs les Pyramides d'*E-
gypte* prouvent d'une maniere inconteſ-

table que ce changement n'a jamais eu lieu. Les Voyageurs aſſurent unanimement, que leurs côtés ſont exactement oppoſées aux quatre Plages du Monde. Ils l'ont donc été ſans doute auſſi du temps que les Anciens Rois d'*Egypte* ont élevé ces énormes monumens de leur vanité ; & ſi l'inclinaiſon de l'Axe terreſtre étoit ſujette à quelque variation, on obſerveroit, depuis un temps auſſi conſidérable, du moins quelque changement dans leur direction vers les points cardinaux.

Quant à la force des vapeurs renfermées, il eſt vrai qu'elle eſt incroyable ; & l'on peut prouver par des expériences qu'une ſeule goutte d'eau changée ſubitement en vapeurs, fait un effet dix fois plus fort qu'une égale quantité de poudre à canon. Mais il faut conſidérer en même temps, que, les vapeurs avant fait crever la croûte terreſtre, comme le prétend M. *Burnet*, la Terre auroit fait l'effet d'une Eolipile, c'eſt-à-dire, qu'elle auroit chaſſé les vapeurs par les crevaſſes, ſans avoir pu faire ſortir les eaux renfermées dans ſes entrailles. En un mot, à bien examiner la Théorie de ce Philoſophe Anglois, on y recon-

noitra moins les caracteres de la vérité
que les traits d'une imagination heureufe.

M. *Whifton*, dont la faculté imagi-
native ne cede en rien à celle de fon
Compatriote, attribue la caufe du Déluge au paffage d'une Cométe, qui felon lui eft la même que celle de 1680.
Il propofe fa Théorie avec tant d'art,
& les argumens dont il fe fert pour en
prouver la réalité, font fi féduifans,
qu'on fe permet à peine le doute. Nous
l'examinerons en peu de mots, après
avoir rapporté quelques particularités
de cette fameufe Cométe.

Le célébre M. *Newton* s'eft donné
la peine de calculer fon orbite, qui étoit
une Ellipfe extrêmement allongée &
étroite, dont le Soleil tenoit un des
foyers. Ce Philofophe conclut de-là,
qu'en paffant en 1680 auprés du Soleil,
elle doit avoir été pour le moins 2000
fois plus chaude que le fer rougi au feu.
Elle paffa en effet fi prés du Soleil, que
fa plus grande diftance étoit à celle de
la Terre au Soleil tout au plus comme
6 à 1000. Nous fçavons, que la chaleur des rayons du Soleil diminue comme leur denfité, & celle-ci comme les

quarrés des diſtances du Soleil : par conſequent la chaleur de la Cométe doit avoir été à celle des rayons Solaires ſur la Terre comme 1000000 à 36 , c'eſt-à-dire, comme 28000 à 1. Nous apprenons par l'expérience , que l'eau bouillante eſt trois fois plus chaude que la Terre échauffée en été par le Soleil, & qu'un fer rougi eſt quatre fois plus chaud que l'eau bouillante , & par conſequent douze fois plus que la Terre en été : & ainſi en diviſant 28000 par 12, on trouvera que la Cométe étoit alors plus de 2300 fois plus chaude que le fer rougi. En pouſſant ces calculs plus loin , on peut déterminer le temps qu'il faut à une pareille Cométe pour ſe refroidir tout à-fait. Les temps des refroidiſſemens ſont en raiſon des diamétres, & une boule de fer rougie d'un pouce de diamétre ne ſe refroidit pas tout-à-fait dans une heure : par conſequent une boule de fer rougie de la groſſeur de cette Cométe , c'eſt-à-dire , de 4000000000 pouces de diamétre , ne perdroit ſa chaleur qu'après un pareil nombre d'heures, c'eſt-à-dire, en le diviſant par 24 , en 166656666 jours , qui étant diviſés par 365 font 456621 années.

Mais

Mais il a été dit, que la Cométe de 1680 contracta dans son Périgée une chaleur 2000 fois plus forte que celle du fer rougi au feu ; ainsi, en multipliant le nombre d'années par cette derniere somme, on trouve qu'il a fallu 913242000 ans à cette Cométe pour se refroidir tout-à-fait. Nous ne sçavons pas qu'elle peut être la matiere des Cométes, pour résister à une semblable chaleur. Notre Terre, se trouvant en pareille situation, seroit changée en verre, qui est le dernier produit des corps par la chaleur, quand elle ne peut plus les dissoudre en vapeurs. Ceci a fait penser a certains Philosophes, que notre Globe dans son embrasement général se changera, & finira par sa vitrification. Ils en déterminent même l'espece, disant que ce ne pourra être que du verre d'Antimoine, & se fondant apparemment sur la double signification de la marque ♁, que les Chymistes employent pour indiquer l'Antimoine, & dont les Faiseurs d'Almanacs se servent pour marquer la Terre.

Pour revenir à la Cométe, il nous importe peu qu'elle soit une masse vitrifiée ou composée d'une matiere inconnuë ; ce qu'il y a de certain, c'eft qu'elle doit conferver fort long-temps la chaleur quelle a reçuë du Soleil ; & pour peu qu'on puiffe compter fur les calculs que nous venons de faire , il eft impoffible que la Cométe de 1680 & 1681 ait pu perdre fa chaleur dans le temps de fa Période , qui eft de 575 ans & demi.

Si l'on remonte dans l'Hiftoire , on retrouve précifément à la même Période les traces vifiblement marquées d'une Cométe d'égale grandeur. Ainfi en reculant 575 ans de 1681 nous tombons dans l'année 1106, où felon le rapport unanime de tous les Hiftoriens on vit une Cométe terrible à la mort de l'Empereur Henri IV. Il en parut une pareille en 531 ou 532 du temps de l'Empereur Juftinien , & 575 ans & demi auparavant une autre , immédiatement après la mort de Jules Céfar. Les Aftronomes la reconnoiffent pour avoir été toujours la même , & il n'y a en effet rien qui en empêche la poffibilité.

Cependant je ne fçais pas , fi l'on peut en inférer que toutes les Cométes doivent avoir une Orbite elliptique , &

un mouvement régulier autour du Soleil. Une Ellipſe trop allongée & rétre-
cie, dégénére en une autre ſection co-
nique, c'eſt-à-dire, qu'elle devient une
Parabole ou Hyperbole ; auquel cas le
Soleil n'a plus la force de courber l'Orbite d'un corps ſi éloigné, pour le faire
redeſcendre auprès de lui, & le main-
tenir dans une Orbite qui rentre en elle-
même. Les calculs des plus grands Ma-
thématiciens rendent témoignage de
cette incertitude, & nous voyons par-
là, que toutes les Cométes ne nous
ſont pas ſi fidelles que celle de 1680 ;
qu'il y en a qui s'émancipent & s'en-
levent au pouvoir du Soleil, & qui s'en-
fuyent à jamais de nôtre Monde. Nous
ne les revoyons plus dans notre Firmament ; mais que leur arrive-t-il ? Elles
ſortent d'un eſclavage pour rentrer dans
un autre, & elles ne s'approchent pas
ſitôt d'une autre Etoile fixe que cette
derniere s'en empare par ſa vertu attractive, & la force à tourner autour d'elle
dans une nouvelle Orbite elliptique.

Ceci m'a fait naître une idée qui s'eſt
ſi bien inſinuée dans mon eſprit que je
ne ſçaurois plus m'en defaire, quoique je ne me voye aucune poſſibilité

de la démontrer. Les Soleils ou Etoiles fixes me paroissent avoir besoin de nourriture, sans quoi ils consumeroient bientôt leur propre substance. Ne seroient-ce pas par hasard les Cométes que la Nature destine à être englouties par ces masses immenses de feu, pour les nourrir de temps en temps, & pour ranimer leurs forces ? Elles les approchent de si près, qu'il est impossible qu'elles n'y tombent à la fin après un certain nombre de révolutions. Cet usage me paroît si bien établi dans l'Univers, que je serois surpris que les Etoiles fixes ne s'y conformassent pas. Les gros animaux mangent les petits ; un gros arbre enleve la nourriture aux petites plantes ; les hommes puissans oppriment les plus foibles ; & pourquoi voudrionsnous douter qu'un Soleil immense ne puisse engloutir une petite Cométe, qui étant une fois tombée dans la Sphére de son attraction, ne sçauroit plus résister à l'activité dominante d'une masse infiniment supérieure à la sienne ?

En supposant comme certain, que la Cométe de 1680 acheve sa Période dans 575 ans & demi, & en remontant sept de ces Périodes, qui font 4028 ans , nous tombons préciſément dans l'année du Déluge ; & c'eſt ce qui a occaſionné M. *Whiſton* d'en attribuer la cauſe à cette même Cométe. Il tâche de prouver pour cet effet, qu'elle s'eſt alors plus approchée de la Terre que jamais ; que celle-ci s'étant trouvée dans le paſſage de ſa queuë, notre Atmoſphére en a été imbibée d'une quantité prodigieuſe de vapeurs aqueuſes qui ont formé une pluye de 40 jours ; que cette même queuë ayant infecté notre air de toute ſorte d'exhalaiſons pernicieuſes , les hommes n'ont plus vécu ſi long-temps qu'ils vivoient avant ce redoutable accident.

Cette derniere circonſtance s'accorde au juſte avec les Livres de *Moyſe*, qui dit poſitivement qu'avant le Déluge la vie de l'homme paſſoit 900 ans , & que perſonne n'avoit vécu au-deſſous de 600 ans, à l'exception d'Enoch, qui monta vivant au Ciel. Il ajoute , qu'après le Déluge les hommes ne paſſoient guéres l'âge de 400 ans , qui du temps de Joſeph étoit déjà dégénéré à 110. En effet une diminution ſi générale de l'âge de l'homme ſemble exiger une cauſe qui le ſoit de même , &

M. *Whiſton* a cru ne pouvoir mieux la trouver que dans l'Air, qui affecte également tous les hommes. Mais ſi la recherche en valoit la peine, je ne ſçais ſi ſon hypothéſe ſoûtiendroit un examen ſérieux, & s'il n'auroit pas mieux fait, de l'aveu même de la plûpart des Phyſiciens, d'attribuer la longue vie des Patriarches avant le Déluge à la ſimple Volonté & à la Toute-Puiſſance de Dieu?

En effet, à en parler ſelon nos connoiſſances, les corps des hommes qui habitent aujourd'hui la Terre, car nous n'en avons jamais vû d'autres, ſont fabriqués de ſorte qu'on ne ſçauroit parvenir ſans miracle à l'âge de 900 ans. Il eſt vrai, pour ne pas remonter plus haut, que les hommes ne vivent plus ſi long-temps aujourd'hui qu'ils vivoient il y a 2 ou 300 ans, & l'on pourroit en alléguer pluſieurs cauſes qui aboutiſſent toutes à une ſeule, qui eſt l'augmentation rapide de nos connoiſſances, au préjudice ſouvent de la raiſon : Quantité de nouvelles lumieres acquiſes dans ces derniers temps n'ont ſervi qu'à pouſſer nos paſſions à l'extrême, c'eſt-à-dire, à nous armer de nouveaux poi-

gnards pour abbréger la vie. Compa-
rons, par exemple, la vie de nos Gens
de Lettres avec celle de leurs Ancêtres. Quelle que ſoit la faculté ou la
ſcience à laquelle ſe devoue un Sçavant
de nos jours, il ne ſuffit plus, pour être
regardé comme tel, d'achever le cours
de ſa Doctrine, & d'en étudier les
principes. On veut, qu'à une connoiſſance intime de ſes Dogmes il joigne
une vaſte érudition, qu'il approfondiſſe
les découvertes de toutes les Acadé-
mies, les ſentimens de toutes les Eco-
les, qu'il poſſede les Langues vivantes de l'*Europe*, & ſelon le cas les Langues Orientales, &c. en un mot, que
pour être appellé Sçavant il reſte Eco-
lier toute ſa vie, & abbrége à la fin ſes
jours réels pour s'en procurer d'imagi-
naires dans la mémoire des hommes.
Il eſt naturel, & les principes de la Phy-
ſiologie prouvent évidemment, que
l'ame ſouſtrait aux fonctions du corps
ce qu'elle dépenſe à celles de l'eſprit.
Mais nos Sçavans penſent trop noble-
ment pour ambitionner une longue vie :
il eſt plus glorieux ſelon eux de vivre
peu en étudiant beaucoup, que de
vieillir ſans avoir étudié, & il ſemble

que plus nous nous éloignerons de la
fondation de notre Globe, moins nous
profiterons de la Sentence notable du
Philofophe Grec, qui dit, que *les hom-*
mes ont été mis fur la Terre pour la cul-
tiver, & non pour la décrire.

Sans nous arrêter aux Sçavans, fi
nous tournons les yeux fur le gros du
genre humain, nous reconnoîtrons de
même, qu'il n'a pas affez de fimplici-
té ni affez de raifon pour vivre long-
temps. La premiere n'exifte plus, & il
femble que la derniere ne fera jamais
fon partage. La maniere de vivre de
nos Ancêtres étoit unie & naturelle : la
nôtre eft artificielle & extravagante. La
débauche & le luxe font pouffés à l'extrême ; toute la vie n'eft qu'un combat
perpétuel des paffions les plus violentes. L'homme vieillit dans fa jeuneffe,
& les foibles enfans qu'il met fur Terre,
apprennent en naiffant de nouveaux
moyens pour accélérer la déftruction de
leur efpece.

Mais quand même l'homme feroit
moins induftrieux pour abbréger fes
jours, il ne paroît pas qu'il puiffe naturellement les prolonger au-delà de 150
ans, du moins nous n'en avons dans ces

temps modernes que le ſeul exemple de
Parry Anglois , dont la carriere s'eſt
étenduë au-delà. Il ſemble même que
la conſtitution du corps humain doit
fixer le terme de ſa mortalité à environ
100 ans. Ses fibres conſolidées à la longue ſe roidiſſent tout-à-fait. Elles deviennent infléxibles , & n'obeiſſent plus
aux reſſorts du mouvement animal , qui
s'étant affoiblis peu à peu , le font à la
fin ceſſer , & la machine ſe détruit par
elle-même. Telle eſt la deſtinée du corps
humain ſans le ſecours de la Médécine
univerſelle , qui déroidiſſant les fibres ,
prolonge la vie des Adeptes pendant
pluſieurs ſiécles. L'heureux *Artephius* ,
nous dit-on , avoit vécu plus de 1000
ans ſur la Terre. Il s'en dégoûta à la fin ,
car on ſe laſſe de tout : il ſe fit lui même ſon tombeau , dans lequel il vit
juſqu'à ce jour à la faveur d'un précieux
flacon, dont il reſpire de temps en temps
ſa nourriture. Ces Hiſtoires ſont flateu-
ſes , mais elles me paroiſſent moins fondées que les avantu es funeſtes d'une
infinité de nos Chymiſtes , qui en cher-
chant la Médécine univerſelle pour prolonger leurs jours , trouvent un poiſon
particulier qui les abbrége ſouvent de

D v

la moitié de leur cours ordinaire.

Pour revenir à notre Cométe, M. *Whiſton* prouve par les loix du mouvement communes à tous les corps céleſtes qui tournent autour d'un autre, qu'elle doit avoir attiré la Terre en l'approchant, & il prétend que cette attraction a produit ſur celle-ci deux effets très-importans, dont le premier eſt que l'Orbite elliptique, dans laquelle la Terre tournoit autour du Soleil, a été élargie, en ſorte qu'il lui a fallu plus de temps qu'auparavant pour achever ſa Période. Il tâche d'appuyer ſon ſentiment ſur les plus anciens Hiſtoriens, qui témoignent d'une voix unanime, que les *Egyptiens*, les *Babyloniens*, les *Perſans*, les *Grecs* & les *Romains* des premiers ſiécles ont compté le mois à 30 jours, & l'année à 360. Il prétend trouver des preuves dans l'Hiſtoire du Déluge de *Moyſe*, que Noé a compté de même ; & il ajoute qu'à la découverte du *Mexique* les Peuples de l'*Amérique* ne comptoient pas autrement.

Je ne diſpute-pas la vérité des faits hiſtoriques ; mais qui pourra nous aſſurer, que l'année Ante-Diluvienne n'a pas contenu réellement plus de jours, quoiqu'on en ait compté moins ? Et ne pourroit-on pas préſumer, que nos bons Patriarches ont été aſſez ſimples pour ne pas s'embaraſſer d'une poignée de jours de plus ou de moins, & qu'ils ont préféré le nombre rond de 360 à un nombre impair & en quelque façon incertain ? Les *Mexicains* ne ſont pas Juges aſſez compétens de ces matieres, pour que leurs calculs portent déciſion. Nous avons lieu de croire, que la Chronologie généralement de tous les Anciens devoit être fort défectueuſe, faute d'inſtrumens & de connoiſſances néceſſaires dans l'Aſtronomie ; & ſi nous ſçavions le précis de leurs erreurs, nous trouverions peut-être quantité-d'Epoques à reformer dans la nôtre. Il eſt incroyable, combien le temps défigure les événemens, & en rend les Epoques méconnoiſſables. La probabilité hiſtorique ſe perd avec les années, & les mêmes faits paroiſſent toujours plus croyables, & ſont en effet plus ſurs quand ils ſont modernes, que quand ils ont vieilli pendant un nombre de ſiécles.

CHAPITRE. X.

Le Déluge produit par une Cométe.

L'Autre effet de la force attractive de la Cométe du Déluge a été, selon M. *Whiston*, d'avoir fait créver la croûte terrestre, & donné passage aux eaux soûterraines. Cet événement est une suite naturelle de la Théorie du flux & reflux de la mer de M. *Newton*. Il faut nécessairement selon ces principes, que la Cométe ait élevé les eaux, c'est-à-dire, causé le flux dans tous les endroits de la Terre par-où elle a passé, & que la même chose ait eu lieu aux endroits directement opposés, comme nous voyons aujourd'hui que les marées se réglent sur la gravitation différente de la Lune.

Mais il me paroît inconcevable, que la Cométe ait pû déchirer la croûte terrestre, & en faire sortir les eaux ; & si l'on veut que je croye qu'elle a approché la Terre de fort près du temps du Déluge, je voudrois aussi qu'on m'expliquât d'une maniere intelligible, ce qu'elle a fait ensuite pour s'en débarasser. C'est une loi établie parmi les Planettes, que la plus grosse fait tourner la moindre autour d'elle aussitôt que les deux Sphéres d'attraction se touchent. Ce n'est que par cette cause que la Lune se trouve dans la nécessité d'être le fidéle Satellite de la Terre : pourquoi ne voudrions - nous pas présumer la même chose de cette Cométe, qui, selon M. *Whiston*, étoit du temps du Déluge plus proche de notre Globe que la Lune ne se trouve jamais, & par quel hazard auroit il manqué de faire cette conquête, puisque les Astronomes s'accordent tous à nous assurer que cette Cométe étoit beaucoup plus petite que lui? Cette objection est plus fondée qu'elle ne paroît au premier abord : car, si la gravitation réciproque des corps célestes n'agissoit pas à des distances infinies, quelle raison pourroit-on donner de l'éloignement des Planettes où elles sont les unes des autres? L'intervalle entre Jupiter & Saturne est immense, & cependant ces deux Planettes s'attirent toutes les fois qu'elles se trouvent en conjonction : que ne feroient-elles pas, si elles s'approchoient davantage ? Quel seroit le sort de Saturne, sinon de devenir bien-tôt un nouveau Satellite de Jupiter, & de lui abandonner de même les cinq Lunes, dont il se pare aujourd'hui ?

Ces réfléxions doivent nous faire comprendre que malgré l'éloignement immense des corps célestes il n'y a pas d'espace inutilement employé dans l'Univers. Je n'ai jamais approuvé le raisonnement paradoxe de ces Philosophes, qui prétendent démontrer l'impossibilité du Vuide par la notion même de la perfection. Ils définissent celle-ci l'harmonie dans la multitude, & ils placent la perfection dans le nombre des sujets qui forment entr'eux cette harmonie. Or il y a plus de sujers, disent-ils, dans un monde rempli de corps que dans un autre où il y a du vuide, & nous sçavons d'ailleurs par d'autres principes que ce monde-ci est parfait : donc, concluent-ils, il ne peut pas y avoir du vuide. Mais ces Philosophes auroient bien fait de décider auparavant, si les imperfections ne l'emporte-

roient pas plutôt sur les perfections dans
un monde, dont tout l'espace seroit rempli de matiere ? Il n'y auroit absolument point de mouvement, si les corps
se pressoient, pour ainsi dire, au point
que l'un ne pût céder à l'autre, & il
me paroît, qu'un monde foulé de corps
& sans mouvement doit être infiniment
moins parfait, qu'un autre où il y a
peu de corps qui se meuvent librement,
& qui agissent avec une harmonie admirable pour leur conservation mutuelle. Qu'on s'imagine un instant, que les
Planettes de notre Monde s'approchent
davantage, & l'on concevra sans peine
les desordres affreux qu'elles causeroient
entr'elles par leur gravitation recipro-
que, qui dans les intervalles immenses, où elles se tiennent aujourd'hui, as-
sure le ressort de leurs mouvemens réguliers.

Outre les difficultés alléguées qui
combattent la Théorie de M. *Whiston*,
je lui opposerai encore celle que j'ai formée ci-dessus contre le Systême de M.
Burnet. C'est que dans l'hypothése de
ces Philosophes il n'y auroit pas eu avant
le Déluge assez d'eau sur la Terre, pour
fournir une quantité suffisante de va-

:peurs, & faire retomber aſſez de pluye, de roſée, neige, &c. ſi néceſſaires à la conſervation des plantes & des animaux. La même difficulté ſubſiſte toujours, ſoit qu’on ſuppoſe les eaux du Déluge formées par les vapeurs de la Cométe, & tombées en forme de pluye, ou attirées par elle, & élevées des entrailles de la Terre. Je conclus de tout ceci, qu’un Auteur qui prétend que la Terre a été auſſi parfaite avant le Déluge qu’elle l’eſt aujourd’hui, doit néceſſairement auſſi admettre dans ſa Théorie, que la Terre avoit déjà alors aſſez d’eau pour former le Déluge, ſans avoir beſoin d’en chercher des cauſes extrinſéques.

Notre Auteur paroît auſſi s’écarter du Syſtême de M. *Newton*, en ce qu’il ſuppoſe la queuë de la Cométe compoſée de vapeurs aqueuſes. Selon l’hypothéſe de ce dernier Philoſophe elle devroit plutôt être un amas de fumée & d’exhalaiſons ſorties de la Cométe enflammée, auquel cas la Terre en paſſant par ſa queuë, auroit ſubi un embraſement univerſel plutôt qu’une inondation.

Si nous voulions ſuppoſer avec M.

Whiston, que l'approche de la Cométe
ait amené beaucoup plus d'eau fur la
Terre qu'il n'y en avoit auparavant,
nous ferions en état d'indiquer une caufe beaucoup plus naturelle de l'élargif-
fement de l'Orbite terreftre, que celle
qu'il en donne lui-même. Il l'attribue à
l'attraction de la Cométe; mais attraction qui, felon ce que j'ai déjà dit ci-
deffus, étoit infuffifante pour produire
un pareil effet : car, à raifonner confor-
mément aux loix du mouvement des
corps céleftes, un corps auffi petit que
cette Cométe, étant plus proche de
nous que la Lune, feroit devenu inévi-
tablement un Satellite de la Terre,
loin d'avoir pû déranger fon mouvement. Si au contraire nous fuppofons la
pefanteur de celle - ci augmentée par
une nouvelle acceffion d'une quantité
prodigieufe d'eau, elle doit par cette
feule raifon s'être éloignée davantage du
centre du Soleil, & avoir parcouru depuis ce temps un Orbite plus élargie &
plus fpacieufe qu'auparavant : car fa
maffe renforcée auroit augmenté à proportion de fa force centrifuge : elle fe feroit replongée plus bas dans les efpaces
de notre Monde, c'eft-à dire, que fa

diſtance du Soleil & ſon Orbite ſeroient devenuës plus grandes en raiſon de l'augmentation de ſa maſſe.

C'eſt un ordre conſtant dans la Nature, que les petites Planettes ſont plus proches du Soleil, & les grandes plus éloignées. Mercure eſt plus petit que Venus, qui l'eſt plus que la Terre. Celle-ci l'eſt beaucoup plus que Jupiter, qui eſt auſſi plus petit que Saturne, en y comptant, comme de raiſon, ſes cinq Satellites & ſon Anneau. Mars eſt la ſeule Planette de notre Monde qui paroiſſe s'excepter de la régle : elle eſt plus petite que la Terre, & cependant elle eſt plus éloignée du Soleil que celle-ci. J'oſerois preſque préſumer qu'elle a été autrefois une ſeconde Lune de notre Terre, & que par quelqu'événement extraordinaire elle s'eſt échapée de ſa domination, & miſe au rang des Planettes principales, pour ne plus obéir qu'au Soleil ſeul qui gouverne tout le Syſtême. Si l'on me demande, quel événement auroit pû cauſer une ſi étrange révolution, j'avoue volontiers que mon eſprit eſt trop borné pour pouvoir le déviner.

Malgré toutes les difficultés, qui af-

ſectent la Théorie du Déluge de M.
Whiſton, il faut convenir, qu'elle eſt
une des plus ingenieuſes, & des plus
vraiſemblables qui ayent paru ſur cette
matiere. Je ne prétends pas non plus
qu'on regarde mes objections comme
des armes, par leſquelles j'aye voulu
combattre les ſentimens particuliers de
ce Sçavant Anglois, & je me contente
d'avoir prouvé, qu'on ne doit pas les
mettre au rang des vérités mathématiques, comme je crois en effet que
l'Auteur lui-même a été trop modeſte
pour les regarder autrement que comme de ſimples hypothéſes. Je dois encore ajoûter, pour rendre juſtice au
Syſtême de M. *Whiſton*, que j'ai trouvé plus de difficultés à oppoſer à tous
les autres, & j'oſe me flater, que tous
ceux qui ont examiné cette matiere, ſeront de mon avis.

Quoi qu'il en ſoit, & quelles que
puiſſent être les difficultés qu'on trouve
à l'explication des cauſes naturelles du
Déluge, il ne s'en ſuit pas qu'on doive la
regarder comme un événement impoſſible, & contre l'ordre naturel : car qui
eſt-ce qui peut ſe flater de connoître tous
les moyens capables de cauſer une inon-

dation générale de la Terre, ou démontrer l'inſuffiſance de chacun en particulier ? Quand même l'Hiſtoire du
Déluge nous paroîtroit abſolument inconcevable, il doit nous ſuffire de pouvoir prouver, que la croûte de la Terre a été autrefois un corps fluide. Or
cette circonſtance eſt manifeſte tant par
les preuves que j'en rapporterai dans la
ſuite de cet Ouvrage, que par les témoignages unanimes des Hiſtoriens
Payens, joints à celui de *Moyſe*. Les
paroles de ce dernier ſont évidentes
lorſqu'il dir, que les eaux ſe ſont tellement accruës, que les plus hautes montagnes en étoient couvertes, & qu'elles
les paſſoient même de la hauteur de 15
aunes.

Les *Egyptiens* avoient connoiſſance
de cet événement, & *Platon* rapporte
qu'un de leurs Prêtres faiſant confidence
à *Solon* de quelques myſtéres de leur
Livres Sacrés, lui conta entr'autres
l'Hiſtoire de l'Inondation Univerſelle
qui avoit de long-temps précédé l'Inondation particuliere que les *Grecs*
connoiſſoient. Les Habitans d'*Heliopole*
en *Syrie* montroient dans le Temple de
Junon une crévaſſe, qui, à ce qu'ils

diſoient, avoit englouti les eaux du Déluge. L'Hiſtorien, qui rapporte ce fait, ajoute que les *Grecs*, quoique confondant, comme d'autres Nations, le Déluge Univerſel avec celui de *Deucalion*, en donnent néanmoins une Relation trop remarquable pour la paſſer ſous ſilence. Ils prétendent, continüe-t-il, que le genre humain d'aujourd'hui n'eſt pas le même que celui qui exiſtoit originairement ; que ce premier a été anéanti, que cette ſeconde Race deſcend de *Deucalion*, & s'eſt multipliée à l'infini ; que les premiers hommes avoient été inſolens, injuſtes & perfides, qu'ils n'avoient jamais tenu leurs ſermens, ni exercé aucune hoſpitalité envers les Etrangers, ni écouté les plaintes des miſérables ; que c'eſt par rapport à ces raiſons qu'ils ont été exterminés par le Déluge ; que la Terre a vomi une quantité prodigieuſe d'eaux, qui jointes aux pluyes terribles ont fait déborder les Rivieres, & tellement groſſi la mer, que toute la Terre en étant couverte, le genre humain a été entiérement ſubmergé ; que *Deucalion* ſeul, dont la probité & la ſageſſe étoient exemplaires, a été conſervé avec ſa

famille pour fonder cette ſeconde eſpece; qu’il eſt entré avec ſes fils & leurs fem-
mes dans une grande Arche [λα, ναι]:
que les chevaux , les cochons , les
lions , les ſerpens & généralement tous
les animaux qui vivoient ſur la Terre,
y ont été renfermés auſſi par paires;
que *Deucalion* les a bien reçu , & qu’ils
ne lui ont fait aucun mal, parce que les
Dieux les entretenoient en bonne intel-
ligence ; qu’enfin ils ont vogué ſur les
eaux pendant tout le temps qu’elles
dominoient ſur la Terre. Tel eſt le précis de l’idée que les *Grecs* ſe formoient
du Déluge de *Deucalion* ; & quant à ce
qui y a ſuccédé , on trouve une tradition ſinguliere conſervée par les habitans d’*Heliopolis* , qui apprend qu’il s’eſt
formé en cet endroit une fente ou crévaſſe conſidérable dans la Terre , qui a
englouti toutes les eaux , & que *Deu-*
calion a élevé des Autels, & bâti un
Temple à *Junon* ſur la crévaſſe même.
J’ai vû moi même cette crévaſſe, dit
notre Auteur : elle eſt ſous le Temple
& fort étroite : mais je ne ſçaurois dire,
ſi elle a été plus large autrefois , & ſi
le temps l’a rétreci. C’eſt en mémoire
de cet événement qu’on a inſtitué l’uſa-

ge de porter deux fois par an de l'eau de
la mer dans le Temple : & ce sont non-
seulement les Prêtres du lieu qui y tra-
vaillent , mais les Peuples qui y accou-
rent du fond de la *Syrie* & de l'*Arabie* ;
il y en a même qui viennent par mer de
par-delà l'*Euphrate* , & tout le monde
arrive en apportant de l'eau. Cette eau ,
on la verse dans le Temple , d'où elle
se vuide par la crévasse , qui toute petite qu'elle est en engloutit une quantité prodigieuse. Ces peuples disent que
la pratique de cette cérémonie fut or-
donnée par *Deucalion* en mémoire du
malheur arrivé a tous les hommes ,
& de la grace que les Dieux avoient
faite à lui de le sauver avec les siens.
C'est ainsi que les peuples Idolâtres ont
confondu avec le Déluge de *Noé*, non-
seulement ce'ui de *Deucalion* en *Thessa-
lie* , mais encore celui d'*Ogyge* en *At-
tique* , & celui de *Promethée* en *Egypte*.

Le Déluge, dont parlent les Peuples
Américains , paroît n'avoir regardé
qu'un certain district , de même que
celui de l'*Asie Mineure* , dont *Diodore*
fait mention d'après la Tradition *Sa-
mothracienne* , & qui au rapport de ces
Peuples doit avoir été le plus ancien de

tous : Je passe plusieurs autres Déluges cités par le célébre *Walther Raleigh*, dont quelques - uns font tirés du faux *Xenophon d'Annimus.*

Un *Arabe*, qui voyageoit dans la *Chine* vers le commencement du neuviéme siécle, donne dans la Relation de son Voyage le précis d'une conversation qu'il eut avec l'Empereur à l'occasion d'un Tableau de *Noé*, que ce Prince lui montra. L'*Arabe* lui ayant fait un détail du Déluge, & ayant ajoûté à la fin, que c'étoit par ce Patriarche, & par ceux qui avoient été avec lui dans l'Arche, que toute la Terre fut de nouveau repeuplée, l'Empereur lui répondit en riant : Tu ne te trompes pas dans le nom de *Noé* ; mais quant à ton Déluge Universel, nous n'en avons pas la moindre connoissance : Il est vrai qu'un Déluge a inondé une partie de la Terre ; mais il n'est pas venu jusqu'à nous, ni même jusqu'aux Indes. *Ebn Schocknah* met les *Chinois* au nombre de ceux qui nient le Déluge.

Nonobstant tant de témoignages qui prouvent l'universalité du Déluge, il s'est trouvé quantité de Sçavans fertiles en difficultés, qui ont cru ne devoir en-

tendre

rendre cette inondation que d'une très-
petite partie de la Terre, & principalement de la *Palestine*. Et en effet si le
Déluge n'avoit été que particulier, il
ne seroit pas difficile d'en rendre raison : la Nature a une infinité de moyens
pour causer des inondations particulieres, & l'Histoire nous fournit assez
d'exemples qui ne nous permettent pas
de douter de la possibilité de ces événemens funestes. D'un autre côté on pourroit soupçonner quelqu'hyperbole dans
les expressions des Historiens Payens,
qui ont peut-être traité le Déluge universel d'une simple inondation arrivée
dans leur Pays ; à peine connòissoient-ils
quelque peu du reste de la Terre, &
sans la découverte de *Christophe Co-
lombe*, nous ignorerions encore la distance de l'*Amérique*. Supposons, par
exemple, qu'avant cette découverte les
trois autres Parties du Monde eussent
été inondées par quelqu'événement extraordinaire, je demande, si un petit
nombre d'*Européens* sauvés d'un pareil
accident, n'auroient pas cru & assuré de
bonne-foi, que toute la Terre avoit été
couverte d'eau ? Bien plus : ils auroient
dit la même chose, quand même l'inon-

dation auroit épargné dans les trois Parties du Monde quantité de Peuples,
avec lesquels ils n'eussent eu aucun commerce.

Quoi qu'il en soit, tous ces argumens
contre l'universalité du Déluge ont été
rejettés avec raison, parce qu'ils combattent directement les paroles claires
de *Moyse*. D'un autre côté il semble
que cette universalité est prouvée d'une
maniere évidente par les Coquillages &
les Poissons, qu'on découvre presque
partout dans les entrailles de la Terre,
pourvu qu'on y creuse assez profondément. Les plus hautes Montagnes n'en
sont pas exemptes, & M. *Suederborg*
en a trouvé en *Suéde* sur les sommets
des rochers presqu'inaccessibles. On
voit la même chose en *Suisse*; & M.
Scheuchzer, qui a fait des recherches
admirables sur ce sujet, regarde ces Pétrifications comme des témoins irrepro-
chables du Déluge. Or en supposant
ces preuves fondées, il s'ensuit directement, que le Déluge doit avoir été universel, puisqu'il n'y a pas d'endroit sur
la Terre, pourvu qu'on y creuse à une
certaine profondeur, où il n'y ait des
plantes & coquilles pétrifiées, & renfer-

mées même dans les Rochers les plus durs. Une circonſtance auſſi ſinguliere mérite d'être approfondie mieux qu'on n'a fait juſqu'à préſent.

CHAPITRE XI.

Pétrifications.

LA contemplation des Pierres eſt du reſſort des Naturaliſtes. Ils en amaſſent de toute eſpece & en forment des Cabinets précieux où l'on admire la même beauté & la même varieté qui régnent généralement dans toutes les productions de la Nature.

Ceux des Sçavans, qui ſe mêlent de rendre raiſon des différentes configurations des pierres, ſe partagent en deux Claſſes diamétralement oppoſées. Les uns ſemblables aux *Pyrrhoniens,* croyent trop peu ; les autres ſont trop crédules, & en deviennent ſuperſtitieux. Les premiers ne regardent les pierres figurées que comme un ſimple jeu de la Nature, au lieu que ceux-ci trouvent du grand & du myſtérieux juſques dans les

moindres bagatelles. Les uns & les autres ſont dans l'erreur, quoiqu'ils ne
manquent pas d'argumens fort plauſi-
bles des deux côtés pour appuyer leurs
ſentimens. Ceux, qui attribuent tout au
hazard ou à une certaine vertu figurative de la Nature, ne ſe croyent pas
moins fondés dans l'Expérience que les
autres, qui s'en rapportent aux reſſem-
blances apparentes des pétrifications. Les
premiers ſoûtiennent, & l'expérience
prouve en effet, que ce n'eſt que par
l'attraction de la matiere que les ſels ſe
forment en criſtaux de figures régulieres; & ſi du temps que le *Pyrrhoniſme*
s'étoit répandu en *Angleterre* ſur la
Doctrine des Pétrifications, on avoit
connu les belles figures ſexangulaires de
la neige, on n'auroit pas manqué d'en
tirer de nouveaux argumens pour la
tourner en ridicule. On la combattoit
alors principalement par nombre d'e-
xemples de figures qui ſe forment par
le pur hazard. La fameuſe *Grotte de
Bauman* en *Allemagne* en fournit des
preuves étonnantes. L'eau qui y dégou-
te en mille endroits, forme autant de figures extraordinaires, & une imagination fertile y découvriroit une infinité

d'objets Ante-Diluviens , & entr'autres
trois Moines pétrifiés , dont un fans
tête , autour d'un Fonts de Baptême.
Le Marbre de Blanckenbourg étant poli ,
reffemble fi parfaitement au boudin ,
que le plus habile gourmand y feroit
attrapé , & ainfi du refte. Il s'agit de
concilier les deux partis , qui prennent
mal-à-propos les deux extrêmes , &
pour rendre à l'un & à l'autre la juftice
qu'ils méritent , il faut commencer par
examiner comment les pierres fe forment , & comment un corps naturel
peut fe pétrifier.

Une pierre , en prenant ce mot dans
un fens limité , ne doit contenir aucune
partie fenfible de fel , ni d'huile, ni
de foufre , quoique je ne difconvienne
pas , qu'il puiffe y en avoir , & qu'il
n'y en ait en effet , qui renferment de
pareilles particules. Si les pierres con-
tenoient une portion fenfible de fel ,
elles devroient fe diffoudre du moins
en partie dans l'eau , & fi elles avoient
du foufre ou de l'huile , elles feroient
inflammables , ou l'on en tireroit une
matiere combuftible , ou du moins elles
rendroient une certaine odeur. Mais ,
nous ne trouvons ordinairement aucune

de ces proprietés dans les pierres. Ce qu'il
y a de certain, c'est qu'elles sont com-
posées d'une matiere, qui ne se dissoud
pas dans l'eau, ni ne se fond dans le feu,
à moins que son action ne la change
en verre. Or une pareille matiere est
ce que nous appellons Terre : par con-
sequent il est évident, que les pierres sont
composés des corps tout-à-fait ou du
moins pour la plus grande partie de
particules terrestres. Je dis exprés, que
les pierres n'ont pas de sel sensible,
parce qu'on ne trouve pas, qu'il s'en
fasse la moindre dissolution dans l'eau.
Il se pourroit cependant qu'il s'en trou-
vât dans certaines pierres. Le Tartre est
sans contredit un sel ; mais il est très-
difficile de le dissoudre dans l'eau, &
qui est-ce qui nous répondra qu'il n'y
ait encore d'autres sels plus difficiles à
dissoudre ? Car quoiqu'il soit certain,
qu'un corps contient du sel lorsqu'il se
dissout dans l'eau, soit tout-à-fait ou en
partie, il ne s'ensuit pas delà qu'un
corps qui ne se dissout pas n'en con-
tienne point du tout. D'un autre côté
il est non seulement possible, mais même vraisemblable que les pierres renferment quelquefois du sel. Etant ex-

poſées à l'air, il y en a qui s'amollil-
lent & tombent en pouſſiere, les unes
plus facilement que les autres ; & il n'y
a rien de ſi aiſé que de rendre raiſon
de ces accidens, en ſuppoſant des parties ſalines mélées parmi les terreſtres.
L'humidité qui flotte dans l'air diſſout
ces ſels, qui ſont chaſſés à la fin de la
pierre par l'action alternative de la chaleur du Soleil & celle des vents. Les
particules terreſtres ſe touchent en moins
de points qu'auparavant, & leur cohéſion devient moins forte. Les pores s'ag-
grandiſſent & deviennent plus fréquens,
c'eſt-à-dire, la pierre s'amollit & devient plus legere qu'elle n'étoit auparavant. Les Cryſtalliſations minérales
appuyent beaucoup la vraiſemblance de
cette conjecture, & nous leur trouvons
ces mêmes figures régulieres que nous
obſervons dans les Cryſtaux des ſels. Les
pierres reſſemblent encore aux ſels en
ce que les uns & les autres ſe forment
par l'évaporation de l'eau, comme nous
le voyons clairement aux Pétrifications
de la *Grotte de Bauman*, & génerale-
ment dans toutes les eaux qui forment
une croûte pierreuſe autour des corps
qu'on y jette.

E iv

Le Sable & l'Argille font fans doute les terres, d'où les pierres fe font for-mées & fe forment. Il eft certain, que les pierres croiffent encore tous les jours. Nous en voyons une preuve évidente dans la *Grotte de Bauman*, & nous obfervons fouvent que les crévaffes des pierres fe rejoignent par de nouveaux accroiffemens. Je pofféde moi-même un morceau d'Ardoife, où l'on voit claire-ment qu'il a été brifé avec violence : la plûpart des fentes font encore ouver-tes ; mais les plus étroites fe font rem-plies, & la pierre qui s'y eft formée fe diftingue vifiblement par fa blancheur du refte de l'Ardoife. Ce n'eft pas en-core ici l'endroit de parler de ces brife-mens des pierres, que je n'allégue ici que pour prouver la réalité de leur ac-croiffement. Je ne prétends cependant pas foûtenir, que leur croiffance fe for-me par un principe intrinféque, & par un mouvement conftant des fucs nour-riciers ; & je croirois plutôt que ce n'eft qu'une acceffion continuelle de particu-les terreftres.

Je dis, que les pierres tirent leur ori-gine du Sable & de l'Argille; ce qui me paroît fort aifé de prouver. Nous voyons

par l'expérience , que le Marbre ſe forme de l'Argille : car non-ſeulement on
le trouve dans toutes les carrieres de
cette eſpece ; mais on a auſſi obſervé
qu'il s'en eſt formé dans l'endroit même où il y avoit auparavant de l'Argille ; & ce changement n'eſt pas dé-
menti dans le Marbre par le cours des
veines. Le Sable peut entrer pour quelque choſe dans la compoſition du Marbre ; mais il forme preſqu'entiérement
le grais & la pierre à aiguiſer ; car en
examinant leurs particules on découvre
l'eſpece propre du Sable qui les compoſe , & qui les enveloppe dans leurs
matrices. On doit dire la même choſe
du Roc qui ſert ordinairement de baſe
aux Montagnes & aux Rochers.

Mais qu'eſt-ce que le Sable ? C'eſt
un amas de très-petits Cailloux. La ré-
ponſe eſt juſte ; mais le malheur eſt que
nous ne ſçaurions définir ces derniers.
Nous ne ſommes pas encore aſſez avancés dans l'Art, pour avoir pu découvrir l'origine du *Quartz* , & les Naturaliſtes s'écrient encore envain avec le
célébre M. *Henckel* dans ſon *Hiſtoire
du Gravier :* ɔɔ O Caillou , Caillou ,
ɔɔ qui eſt-ce qui t'a fait ? ɔɔ Quoi qu'il en

ſoit, il eſt certain qu'il ſe forme primordialement dans une humidité aqueuſe ; témoin les végétaux qui s'y trouvent ſouvent renfermés.

Tout le monde ſçait qu'on trouve des Coquillages renfermés dans les Rochers les plus durs, & ſurtout des plantes & des poiſſons dans les ardoiſes. Le bois & les os pétrifiés ſont de cette même Claſſe. En effet il faudroit n'avoir jamais vû ces ſortes d'objets, ou avoir renoncé au bon ſens, pour pouvoir ſoûtenir, que ce ne ſont que des jeux de la Nature, & qu'ils n'ont jamais été ce qu'ils repréſentent. On a tiré de la Terre des arbres entiers, dont les branches, la racine & le tronc même étoient changés en pierre. Les fibres du bois, l'écorce, les années de l'arbre, &c. ſont ſi viſibles, que perſonne n'en ſçauroit douter. Si l'on compare les Coquillages pétrifiés avec les naturels, on y verra une parfaite reſſemblance, tant pour la grandeur que pour toutes les autres circonſtances. C'eſt ainſi, par exemple, qu'en mangeant par le frottement un *Nautilus* pétrifié, & en meſurant la proportion entre les Abſciſſes & les Demi-ordonnées de la Courbe, qui coupe ſes conca-

merations ,. on la trouvera préciſément
la même que dans la Coquille naturelle.

Les impreſſions des Poiſſons ſont fréquentes dans une certaine Ardoiſe qui
tient du cuivre. M. *Hoffman* , Officier
des Mines , & auſſi habile Chymiſte que
Phyſicien , a fait quantité de recherches
curieuſes ſur ces ſingularités de la Nature , & je crois faire plaiſir à mon Lecteur que de lui en communiquer quelques-unes. Il aſſure avoir toujours trouvé la juſte dimenſion des Poiſſons de
riviere à proportion des têtes , & il
poſſede entr'autres dans ſon précieux
Cabinet un Brochet entier de 19 pouces de long , qui porte des marques inconteſtables de ſon eſpece. Il a dans un
autre morceau d'Ardoiſe une tête de
Chien de Mer auſſi parfaitement chagrinée que ſi le poiſſon étoit vivant. Je
ferai ſuivre ici l'Extrait d'une de ſes Lettres touchant ces Expériences faites ſur
l'Ardoiſe. » J'en pris un morceau , dit-
» il , qui renfermoit un Poiſſon , dont
» j'ôtai la chair. Je pris une dragme de
» celle ci, autant de l'Ardoiſe d'enhaut,
» & autant de celle d'en bas , & je fis
» diſſoudre chaque portion à part dans
» de l'eau forte. Ces trois matieres ,»

» que le Vulgaire auroit cru à peu près
» les mêmes , avoient des proprietés
» tout-à-fait différentes. L'Ardoise d'au-
» dessus du poisson fermenta avec beau-
» coup de violence: l'eau forte resta cou-
» verte de bouteilles jusqu'au lende-
» main , & rendit une odeur beaucoup
» plus mauvaise que la pierre puante
» lorsqu'on la frotte. L'Ardoise d'en-
» dessous cessa bientôt de fermenter
» & ne sentit presque rien. Le pois-
» son même n'eut qu'une legere ébul-
» lition. Les trois eaux furent tein-
» tes en différens degrés. Le cuivre qui
» s'attacha au fer dans la premiere so-
» lution étoit fort pâle : il étoit plus
» beau dans la seconde , & d'un rouge
» éclatant dans la troisiéme. A chaque
» fois que je détachai le cuivre du fer
» dans la solution du poisson, elle se
» troubla & devint d'un brun foncé ;
» mais elle reprit bientôt après sa transf-
» parence & sa couleur ; cependant le
» cuivre perdit son beau rouge, & il se
» précipita une masse blanche comme
» la neige. La même chose arriva à
» toutes les réiterations de l'Expérien-
» ce , jusqu'à ce qu'enfin le fer dispa-

» rut. Je ne sçaurois dire jusqu'à pré-
» sent ce que c'est que ce résidu blanc
» que je n'ai pas encore essayé. Le sel
» lixiviel fit précipiter de l'Ardoise d'en-
» haut une terre d'un jaune foncé : celle
» de l'Ardoise d'en-bas étoit plus claire,
» & celle du poisson toute blanche. La
» fusion prouve même la différence de
» ces trois matieres, & le poisson donne
» un verre blanc comme d'autres sujets
» du Regne Animal. Ceci me fortifie
» dans ma pensée, que non-seulement
» ces poissons ont été des Créatures
» vivantes, mais que toute la couche
» d'Ardoise même n'a été que de l'eau,
» qui s'étant formée par la fermenta-
» tion & la putréfaction de différens sels,
» s'est précipitée selon leur diversité par
» couches minces, ensorte que le leger
» & le volatil a dû prendre le dessus,
» comme il est manifeste par l'odeur de
» l'Ardoise, qui sert de couvercle au
» Poisson. »

Il est évident par-là, que ces Poissons pétrifiés, quant à leur origine,
font du ressort du Regne Animal. On
peut encore s'en assurer par le crystal-
lin, qui est parfaitement sphérique dans
les Poissons, & qui se trouve pareil dans

celui que renferme l'Ardoiſe, à l'endroit précis de l'œil. On y obſerve de même, tant du côté de la nageoire du dos, que vers la queuë, certains muſcles pyramidaux & myrtiformes, qui deviennent très-viſibles lorſqu'on enleve la chair pétrifiée qui les couvre. C'eſt ainſi qu'en anatomiſant ces Pétrifications, on prouve d'une maniere inconteſtable qu elles ont été autrefois de véritables Poiſſons vivans: Je dis exprès qu'on peut grater la chair, parce que je crois que les Naturaliſtes ſe trompent communément en prenant ces mêmes parties pour des écailles de poiſſon, auſquelles elles reſſemblent en effet. Je ſuis ſurpris que juſqu'à préſent perſonne ne s'eſt apperçu de la fauſſeté de cette apparence. Lorſqu'on fend une pareille Ardoiſe, on voit les impreſſions du Poiſſon des deux côtés, & je ne comprends pas, comment il eſt poſſible, que l'intérieur repréſente des écailles, pendant que dans un poiſſon naturel coupé par moitié on ne voit que de la chair. Mais d'où vient que cette chair des Pétrifications reſſemble à des écailles, & forme une infinité de quarrés en lozange ? C'eſt une Enigme que nous réſoudrons dans la ſuite de cet Ouvrage.

L'Ardoiſe ſe forme d'une terre maré-
cageuſe, dans laquelle il eſt impoſſible
qu'un Poiſſon puiſſe vivre. Il faut donc
qu'il y ait eu autrefois de l'eau au-deſſus de ces Ardoiſes, & qu'elle ſe ſoit
évaporée par la ſuite des temps Ceci
paroît vraiſemblable par la ſituation horiſontale des Poiſſons dans les couches;
& la figure courbée de la plûpart de ces
animaux prouve évidemment, qu'ils
n'ont pas été engloutis ou enterrés dans
la Terre ou dans le limon, où ils n'auroient pas pu ſe courber ſi librement.
Leur forme s'accorde au contraire en
tout avec celle qu'ils prennent ordinairement dans l'eau bouïllante, & leur
chair reſſemble de même à celle d'un
Poiſſon cuit. Cela étant, ne pourroit-
on pas préſumer, que ce n'eſt pas tant
par le Déluge que par une chaleur extraordinaire, que ces Poiſſons ont perdu
la vie? Mais en ſuppoſant ceci nous
perdrions une Claſſe entiere dans le
genre des Pétrifications qu'on regarde
communément comme des monumens
inconteſtables du Déluge univerſel.

En faiſant encore attention, que les
couches des différentes matieres renfermées dans le ſein de la Terre, ne ſe

ſuccedent pas conſtamment dans l'ordre de leur peſanteur, il faudroit certainement admettre plus d'un Déluge, s'il étoit vrai que cet ordre des couches ne pût être que l'effet d'une inondation. Je ne prétends cependant pas nier que le Déluge n'ait pu occaſionner des Pétrifications de toute ſorte d'animaux & de plantes, étant au contraire perſuadé de la vérité du fait; mais je ſoûtiens d'un autre côté qu'il eſt impoſſible, que toutes les Révolutions dont on trouve des veſtiges dans les entrailles de la Terre, puiſſent être cauſées par un ſimple Déluge. Sa durée n'a été que d'environ un an, & il eſt inconcevable que ſes eaux ayent pu bouleverſer la Terre au point que ces Corps étrangers s'y ſoient enfoncés juſqu'à la profondeur de 100 braſſes & davantage. Quant aux Poiſſons, dont je viens de parler, il eſt certain, qu'il s'en trouve à 150 ou 200 aunes de profondeur dans la Terre: comment pourra-t-on concevoir, qu'une inondation uniforme telle qu'on décrit le Déluge, ait pu remuer l'intérieur du Globe Terreſtre juſqu'à une pareille profondeur?

Ce que je viens de rapporter juſqu'ici

fait voir , que les plantes & les animaux
pétrifiés ne fourniffent point de preuves
convaincantes de l'univerfalité du Déluge , & il femble que jufqu'à préfent
les Naturaliftes fe font beaucoup plus
flaté qu'ils n'auroient dû faire à cet égard.
Tant il eft vrai , que nous fommes toujours portés à croire , & prêts à démontrer ce dont nous foûhaiterions la vérité , pour peu qu'une legere vraifem-
blance ou une autorité refpectable ap-
puye notre fentiment ! L'Hiftoire de
Moyfe parle d'un Déluge univerfel.
Nous fommes obligés de le croire , &
nous ferions bien de nous en tenir là.
Mais une démangeaifon de tout prouver nous fait chercher des argumens pour
vérifier un fait dont perfonne ne doute ;
& pour peu que nous en trouvions d'ap-
parens , nous nous érigeons en Démon-
ftrateurs de l'Hiftoire Sacrée pour la
Caufe commune de la Religion. Je ne
blâme pas l'intention ; mais l'expérience fait voir , que ce zéle indifcret a
fouvent des fuites très-dangereufes : car
ceux qui avoient cru le fait fimplement
fans en demander des preuves , auroient
toujours continué de le croire , & ceux
qui étoient dans la difpofition d'en dou-

ter , y ſeront ſurement entretenus , &
même confirmés , en voyant l'inſuffiſance de nos argumens pour les convaincre.

Les difficultés , que je viens d'oppoſer juſqu'ici au Syſtéme du Déluge de
M. *Whiſton* , & une infinité d'autres que
j'ai paſſées ſous ſilence, pourroient me
faire regarder comme un ennemi déclaré de la Théorie de ce Sçavant *Anglois*. Mais je ſuis fort éloigné de con-
damner le ſentiment de qui que ce
ſoit , tant que je ne le trouve fautif
que pour être ſuſceptible d'objections
& de difficultés. J'avoue même que ,
parmi toutes Théories connuës du Déluge , celle de M. *Whiſton* m'a toujours
paru la plus ingénieuſe & la plus vraiſemblable. *Moyſe* & quantité d'autres
Hiſtoriens établiſſent le fait d'une Inondation univerſelle : Il eſt donc certain
qu'elle a eu lieu , & il l'eſt de même
qu'elle a été cauſée par des moyens
capables de produire cet effet. Les Naturaliſtes ſe tourmentent pour en découvrir la cauſe , & ils en indiquent
du moins de trente eſpeces différentes.
Elles ſont peut-être toutes fauſſes , &
la trente-uniéme que nous ignorons

fera la véritable. Mais les rejetterions-
nous pour cela toutes, ou ne vaudra-
t-il pas mieux garder la trentiéme, si
elle est plus vraisemblable que les vingt-
neuf autres, en attendant que nous
trouvions la trente-uniéme ? Nous devons donc nous en tenir à la Théorie
de M. *Whiston*, jusqu'à ce qu'on nous
apprenne quelque chose de plus vraisemblable à cet égard : car si elle est
sujette à quelques difficultés, elle paroît du moins beaucoup plus sensée que
les hypothéses rapportées ci-dessus, &
que quantité d'autres, pour lesquelles
on peut consulter les *Discours Histori-*
ques sur les Evénemens du Vieux & du
Nouveau Testament de Monsieur Saurin,
Tom. I. Disc. 8. & l'*Essay sur l'Apo-*
calypse du Pere de Lamy, Chap. 10. 11
& 12. Ce dernier regarde le Déluge
comme un moyen, dont Dieu s'est ser-
vi pour lever la malédiction prononcée
contre la Terre a la chûte d'*Eve* &
d'*Adam*, au lieu que le premier l'envi-
sage comme l'effet & l'accomplissement
de cette malédiction.

CHAPITRE XII.

Hypothéſe de M. Scheuchzer & autres.

DIſons en paſſant un mot de l'hypothéſe du célébre M. *Scheuchzer*,
qui n'eſt pas dépourvuë de toute vraiſemblance. Ce Sçavant prétend, que la
Terre s'étant arrêtée tout d'un coup dans
le mouvement de rotation autour de
ſon axe, les eaux de ſa ſurface & de ſes
entrailles ont dû néceſſairement continuer leur mouvement pendant quelque
temps, & par conſequent cauſer des
inondations ſur toute la croûte Terreſtre, qui ne tournoit plus avec elles.
Mais cette Théorie, quoique fort ingénieuſe, n'eſt pas moins ſujette aux deux
défauts communs à toutes les autres;
dont le premier eſt, qu'on prétend expliquer un miracle par un autre pour le
moins auſſi incompréhenſible que le premier; & le ſecond défaut que la cauſe,
quand même on l'admettroit, eſt inſuf-

fiſante pour produire les effets détaillés dans l'Hiſtoire *Moſaïque,*

La Théorie de M. *Scheuchzer* n'explique pas plus que celles des autres Naturaliſtes, comment ces maſſes énormes de pierres ont pu être tranſportées aux ſommets des plus hautes montagnes. Il y en a qui renferment quantité de plantes, & d'autres qui ſont remplies de trous, dans leſquels les Voyageurs ont fiché des cloux & des morceaux de fer ; ce qui a fait naître parmi le Vulgaire une Tradition qui a été même adoptée par certains Naturaliſtes de la moyenne Claſſe, que ces pierres avoient été molles, & s'étoient durcies par la ſuite des temps. On voit une pierre de cette eſpece à l'entrée de la Forêt de *Welbes* dans la Comté de *Mansfeld.* Elle a un grand creux au milieu, & les bonnes gens du Pays racontent, que *Hoyer* Comte de *Mansfeld* y mit la main comme dans une pâte de farine, le jour de la fameuſe bataille qu'il donna dans cet endroit.

CHAPITRE XIII.

Formation des Montagnes.

JE dois encore combattre l'erreur de ceux qui s'imaginent, que toutes les Montagnes, même les plus élevées, se sont formées par le Déluge, sans en excepter le Mont *Ararat*, sur lequel l'Arche de *Noé* s'est reposée. Le célébre M. *Tournefort* en a visité le sommet ; & je me flate que le Lecteur ne sera pas fâché de trouver ici la Relation d'un Voyage aussi singulier, d'autant plus qu'elle renferme plusieurs circonstances qui serviront à confirmer ce qui me reste à dire dans la suite de cet Ouvrage. » Nous » commençames, dit-il, à monter ce » jour-là le Mont *Ararat* sur les deux » heures après midi ; mais ce ne fut » pas sans peine. Il faut grimper dans » des sables mouvans où l'on ne voit » que quelques pieds de geniévre & » d'épine de bouc. Cette Montagne est » un des plus tristes & des plus désa- » gréables aspects qu'il y ait sur la Terre.

» On n'y trouve ni arbre ni arbriffeaux,
» encore moins des Couvents de Re-
» ligieux *Arméniens* ou *Francs*. M.
» *Struys* nous auroit fait plaifir de nous
» apprendre où logent les Anachoretes
» dont il parle ; car les gens du Pays
» ne fe fouviennent pas d'avoir oüi di-
» re qu'il y ait jamais eu fur cette
» Montagne ni Moines *Arméniens* , ni
» Carmes : tous les Monaftéres font
» dans la Plaine. Je ne crois pas que la
» place fût tenable autre part, puifque
» tout le terrain de l'*Ararat* eft mou-
» vant ou couvert de neige. Il femble
» même que cette Montagne fe con-
» fomme tous les jours. Du haut du
» grand abyfme , qui eft une ravine
» épouvantable , s'il y en eut jamais,
» & qui répond au Village d'où nous
» étions partis , fe détachent à tous mo-
» mens des Rochers qui font un bruit
» effroyable , & ces Rochers font des
» pierres noirâtres & fort dures Il n'y
» a d'animaux vivans qu'au bas de la
» montagne & vers le milieu : ceux qui
» occupent la premiere région , font
» de pauvres Bergers & des troupeaux
» galeux , parmi lefquels on voit quel-
» ques perdrix ; ceux de la feconde ré-

» gion font des Tigres & des Corneilles.
» Tout le reste de la Montagne, ou,
» pour mieux dire, la moitié de la Mon-
» tagne est couverte de neige depuis
» que l'Arche s'y arrêta, & ces neiges
» font cachées la moitié de l'année fous
» des nuages fort épais. Ce qu'il y a de
» plus incommode dans cette Monta-
» gne, c'est que toutes les neiges fon-
» duës ne fe dégorgent dans l'abyfme
» que par une infinité de fources où
» l'on ne fçauroit atteindre, & qui font
» auffi fales que l'eau des torrens dans
» les plus grands Orages. Toutes ces
» fources forment le ruiffeau qui vient
» paffer à *Acourlou*, & qui ne s'éclair-
» cit jamais. On y boit de la bouë pen-
» dant toute l'année, mais nous trou-
» vions cette bouë plus délicieufe que
» le meilleur vin : elle eft perpétuelle-
» ment à la glace, & n'a point de goût
» limoneux. Malgré l'étonnement où
» cette effroyable folitude nous avoit
» jettés, nous ne laiffions pas de cher-
» cher ces Monaftéres prétendus, & de
» demander s'il n'y avoit pas des Reli-
» gieux reclus dans quelques Cavernes.
» L'idée qu'on a dans le Pays que l'Ar-
» che s'y arrêta, & la vénération que

tous

» tous les *Arméniens* ont pour cette
» Montagne a fait préſumer à bien des
» gens qu'elle devoit être remplie de
» Solitaires ; & *Struys* n'eſt pas le ſeul
» qui l'ait publié : cependant on nous
» aſſura qu'il n'y avoit qu'un petit Cou-
» vent abandonné au pied de l'abîme,
» où l'on envoyoit d'*Acourlou* tous les
» ans un Moine, pour recueillir quel-
» ques ſacs de bled que produiſent les
» terres des environs. Nous fumes obli-
» gés d'y aller le lendemain pour boire,
» car nous conſommames bientôt l'eau
» dont nos Guides avoient fait provi-
» ſion, ſur les bons avis des Bergers.
» Ces Bergers y ſont plus dévots qu'ail-
» leurs, & même tous les *Arméniens*
» baiſſent la terre dès qu'ils découvrent
» l'*Ararat*, & recitent quelques prié-
» res après avoir fait le ſigne de la
» Croix. Ils nous avertirent qu'il n'y
» avoit aucune fontaine dans la Mon-
» tagne ; & que nous pouvions juger
» de la miſére du Pays par la néceſſité
» où ils étoient de creuſer la terre de
» temps en temps, pour trouver une
» ſource qui leur fournit de l'eau pour
» eux & pour leurs troupeaux ; que
» pour des plantes il étoit très - inutile

F

» d'aller plus loin, parce que nous ne
» trouverions au-deſſus de nos têtes que
» des Rochers entaſſés les uns ſur les
» autres. Nous commençames malgré
» cela à marcher vers la premiere barre
» de Rochers avec une bouteille d'eau
» que nous portions tour à tour pour
» nous ſoulager ; mais quoique nos
» ventres fuſſent devenus des cruches
» par la quantité d'eau que nous avions
» avalée en partant, elles furent à ſec
» deux heures après ; d'ailleurs l'eau bat-
» tuë dans une bouteille eſt une fort
» déſagréable boiſſon : toute notre eſ-
» perance fut donc d'aller manger de
» la neige pour nous déſalterer. Il faut
» avouer que la vue eſt bien trompée,
» quand on meſure une Montagne de
» bas en haut, ſurtout quand il faut
» paſſer des ſables auſſi fâcheux que les
» Syrtes d'*Afrique.* On ne ſçauroit pla-
» cer le pied ferme dans ceux du Mont
» *Ararat.* En pluſieurs endroits nous
» étions obligés de deſcendre au lieu
» de monter, & pour continuer, notre
» route il falloit ſouvent ſe détourner
» à droite ou à gauche ; ſi nous trou-
» vions de la pelouſe, elle limoit ſi fort
» nos bottines, qu'elles gliſſoient com-

» me du verre, & malgré nous il fal-
» loit nous arrêter. Pour éviter les fa-
» bles qui nous fatiguoient horrible-
» ment, nous tirames droit vers de
» grands Rochers entaſſés les uns ſur
» les autres, comme s'il avoit mis *Oſa*
» ſur *Pélion*, pour parler le langage
» d'*Ovide*. On paſſe au-deſſous com-
» me au travers des Cavernes, & l'on
» y eſt à l'abri des injures du temps,
» excepté du froid : Nous nous en ap-
» perçumes bien ; mais ce froid adou-
» cit un peu l'altération où nous étions.
» Il fallut en déloger bientôt de peur
» d'y gagner la pleureſie. Nous tom-
» bames enſuite dans un chemin très-
» fatiguant : c'étoient des pierres ſem-
» blables aux moilons qu'on employe
» *à Paris* pour la maçonnerie, & nous
» étions contraints de ſauter d'un pavé
» ſur l'autre. Nous arrivames ſur le midi
» dans un endroit plus rejouiſſant ; car
» il nous ſembloit que nous allions
» prendre la neige avec les dents. No-
» tre joye ne fut pas longue, c'étoit
» une crete de Rocher qui nous déro-
» boit la vue d'un terrain éloigné de
» la neige de plus de deux heures de
» chemin, & ce terrain nous parut

F ij

» d'un nouveau genre de pavé. Ce n'é-
» toient pas de petits cailloux , mais
» de ces petits éclats de pierres que la
» gelée fait briſer , & dont la vive-
» arête coupe comme celle de la pierre
» à fuſil. Nous aſſurames nos Guides
» que nous ne paſſerions pas au-delà
» d'un tas de neige que nous leur mon-
» trames , & qui ne paroiſſoit guéres
» plus grand qu'un gâteau ; mais quand
» nous y fûmes arrivés , nous y en
» trouvames plus qu'il n'en falloit pour
» nous raffraichir ; car le tas étoit de
» plus de trente pieds de diamétre.
» Chacun en mangea tant & ſi peu
» qu'il voulut, & d'un commun con-
» ſentement il fut réſolu qu'on n'iroit
» pas plus loin. Cette neige avoit plus
» de quatre pieds d'épaiſſeur , & com-
» me elle étoit toute cryſtalliſée , nous
» en pilames un gros morceau, dont
» nous remplîmes notre bouteille. On
» ne ſçauroit croire combien la neige
» fortifie quand on la mange. Nous
» deſcendîmes donc avec une vigueur
» admirable , mais qui ne dura pas
» long-temps : car nous retombames
» dans des ſables qui couvroient le dos
» de l'abîme , & qui étoient pour le

» moins aussi fâcheux que les premiers,
» Quand nous voulions glisser, nous
» nous y enterrions jusqu'à la moitié
» du corps, outre que nous n'allions
» pas le bon chemin, parce qu'il fal-
» loit tourner sur la gauche pour, ve-
» nir sur les bords de l'abîme que nous
» souhaitions de voir plus près. C'est
» une effroyable vue que celle de cet
» abîme, & David avoit bien raison de
» dire que ces sortes de lieux mon-
» troient la grandeur du Seigneur. On
» ne pouvoit s'empêcher de frémir
» quand on le découvroit, & la tête
» tournoit pour peu qu'on voulut en
» examiner les horribles précipices. Les
» cris d'une infinité de Corneilles, qui
» volent incessamment de l'un à l'autre
» côté, ont quelque chose d'effrayant.
» On n'a qu'à s'imaginer une des plus
» hautes montagnes du monde, qui
» n'ouvre son sein que pour faire voir
» le spectacle le plus affreux qu'on
» puisse se représenter. Tous ces pré-
» cipices sont taillés à plomb, & les
» extrémités en sont hérissées & noi-
» râtres, comme s'il en sortoit quel-
» que fumée qui les salit. Sur les six
» heures après midi nous nous trouva-

» mes très - épuiſés , & nous ne pou-
» vions pas mettre un pied devant l'au-
» tre. Nous nous apperçumes d'un en-
» droit couvert de pelouſe , dont la
» pente paroiſſoit propre à favoriſer no-
» tre deſcente , c'eſt-à-dire , le chemin
» qu'avoit tenu *Noé* pour aller au bas
» de la montagne. Nous y courumes
» avec empreſſement : on y trouva mê-
» me plus de plantes qu'on n'avoit fait
» pendant toute la journée , & ce qui
» nous fit plaiſir , c'eſt que nos Guides
» nous firent voir delà , quoique de fort
» loin , le Monaſtére , où nous devions
» aller nous déſalterer. Je laiſſe à de-
» viner de quelle voiture *Noé* ſe ſervit
» pour deſcendre , lui qui pouvoit mon-
» ter ſur tant de ſortes d'animaux , puiſ-
» qu'il les avoit tous à ſa ſuite. Nous
» nous laiſſames gliſſer ſur le dos pen-
» dant plus d'une heure ſur ce tapis
» verd , nous avancions chemin fort
» agréablement , & nous allions plus
» vîte de cette façon que ſi nous avions
» voulu nous ſervir de nos jambes. La
» nuit & la ſoif nous ſervoient comme
» d'éperons pour nous faire hâter. On
» continua donc à gliſſer autant que le
» terrain le permit ; & quand nous ren-

„ contrions des cailloux qui meurtrif-
„ foient nos épaules, nous gliffions fur
„ le ventre, ou nous marchions à re-
„ culons à quatre pattes. Peu à peu
„ nous nous rendîmes au Monaftére,
„ mais malheureufement pour nous nous
„ n'y trouvames ni eau ni vin. Il fallut
„ donc envoyer au ruiffeau, & la def-
„ cente pour y aller étoit de près d'un
„ quart de lieuë perpendiculaire, & le
„ chemin fort hériffé. „

Je reviens aux Pétrifications, & je
crois qu'après ce qui a été dit à ce fujet, perfonne ne fçauroit douter qu'elles
n'ayent été des plantes & des animaux
véritables. On peut confulter fur cette
matiere le célébre M. *Ray* Anglois,
qui rapporte les preuves refpectives des
deux côtés, dont Mrs. *Woodward* &
Plot fe font fervis dans leurs Contro-
verfes fur les Pierres figurées. Ce dernier, qui ne les regardoit que comme
un jeu de la Nature, en attribuoit l'origine à une certaine *Vertu Plaftique*, au
lieu que le premier les reconnoiffoit
pour des plantes & animaux véritables
& pétrifiés. M. *Ray*, qui étoit du fentiment du D. *Woodward*, cite entr'autres pour exemple les *Gloffopétres* qui fe

trouvent en très-grande quantité dans l'Iſle de *Malte*, & il prouve par leur grandeur, figure, ſituation & ſtructure intérieure qu'elles ne peuvent être autre choſe que des dents du Chien de mer appellé *Carcharias*.

Si après tout il reſte encore quelque doute ſur la réalité des Pétrifications, que dira-t-on des Coquillages naturels qui ſe trouvent ſouvent dans le ſein de la Terre ſans être pétrifiés ? Je rapporterai ici deux Obſervations tirées de l'Ouvrage de M. *Ray*. L'une eſt l'Extrait d'une Lettre du S. *Burrell*, Négociant de *Londres*. ,, J'ai une foſſe, dit-,, il, dans laquelle il y a un lit d'écail-,, les d'huitres. Il commence à environ ,, deux pieds ſous terre, & il a plus d'u-,, ne aune de profondeur. Ce lit eſt ſuivi ,, d'une couche de gros ſable de trois ,, aunes & davantage d'épaiſſeur. On ,, trouve de pareilles écailles dans un ,, petit ruiſſeau qui traverſe mon jardin ,, à pluſieurs toiſes de la foſſe. Il y en a ,, de grandes & de petites, mais tou-,, jours amaſſées par tas, & les deux ,, écailles ſont encore entieres. J'en ai ,, ouvert quelques - unes qui n'avoient ,, pas été expoſées à l'air ni endomma-

„ gées par l'eau, & je les ai trouvé con-
„ caves en dedans avec un morceau de
„ mousse très - dure attaché à chaque
„ écaille. Celles de la fosse sont de mê-
„ me consolidées par tas, & à moins
„ que ces tas ne soient entrelassés de
„ veines de sable, ils se cassent par mor-
„ ceaux gros comme un boisseau pour
„ mesurer du bled. Mais quand elles
„ sont exposées aux injures de l'air, elles
„ deviennent friables comme de la mar-
„ ne, & elles sont fort propres à engrais-
„ ser la terre, surtout quand elles sont
„ mêlées de sable. Elles forment un ci-
„ ment excellent pour les murs, mais
„ qui ne résiste pas entiérement aux
„ grands degels. J'ai fait creuser en dif-
„ férens endroits, & j'ai partout trou-
„ vé ce même lit d'écailles, qui s'étend
„ du Nord-Ouest au Sud, & par un
„ district de deux à trois *Stades*, tant
„ dans mon terrain que dans celui de
„ mon Voisin. Nos terres sont à 60
„ lieues de la mer, mais nous ne som-
„ mes qu'à cinq lieuës de la *Tamise*,
„ au coin de *Surrey*. Notre terrain est
„ assez élevé & au niveau de *Croyden*. „

Je trouve une autre Relation d'un
pareil lit d'écailles d'huitres, que le S.

Brewer a fait inſerer dans les *Tranſac-tions Philoſophiques*, N. 261. pag. 485.
» On découvre ces écailles près de *Rea-*
» *ding* en *Berkshire.* Le diſtrict, d'où
» on les tire, a 5 à 6 Arpens de cir-
» conférence. Le fond ſur lequel elles
» ſont couchées, eſt une craye dure &
» pierreuſe. Elles ſont entremêlées dans
» une couche de ſable qui s'étend par
» tout le diſtrict, ayant près d'un pied
» d'épaiſſeur. Ce lit eſt couvert d'une
» couche de terre glaiſe bleuâtre très-
» dure, caſſante & inégale, qui ne peut
» ſervir à aucun uſage. Cette couche
» a près d'une aune d'épaiſſeur, & eſt
» couverte d'une autre de deux pieds
» & demi de terre à fouler, qui ſert
» dans nos Manufactures de drap. Cel-
» le-ci eſt ſuivie en remontant d'une
» couche épaiſſe de ſept pieds de beau
» ſable fin & blanc, ſans le moindre
» mêlange de terre. Le tout eſt cou-
» vert d'un lit de terre glaiſe rouge &
» très-ferme, dont on fait des briques.
» La hauteur de ce lit n'eſt pas bien
» facile à déterminer, parce que c'eſt
» une montagne aſſez haute, du ſom-
» met de laquelle on a enlevé une cou-
» che de terre commune, qui dans cer-
» tains endroits a deux pieds d'épaiſſeur,

« J'ai trouvé dans cette montagne plu-
» sieurs huitres entieres, dont les deux
» écailles étoient couchées l'une sur l'au-
» tre, comme si elles avoient été ou-
» vertes & refermées, & leurs conca-
» vités étoient en partie remplies du
» sable verd qui les environnoit. Les
» écailles étoient fort fragiles, & se
» quittoient presque toutes quand on les
» remuoit avec une pelle ; mais il est
» aisé de voir en les joignant que les
» deux parties avoient été unies. J'en
» ai même tiré d'entieres, & de fer-
» mées comme une huitre naturelle. »

CHAPITRE XIV.

Pétrifications d'Allemagne.

PArmi les Pétrifications d'*Allemagne* il
n'y en a pas de plus fréquentes que
les *Cornes d'Ammon*. Elles ressemblent
beaucoup aux *Nautilites* ; mais elles en
diffèrent en ce que les bandes qui les
traversent ne font pas des Arcs unis
comme dans ceux - ci, mais elles vont
en serpentant de différentes façons. Ce
qu'il y a de plus remarquable à leur
sujet, c'est que malgré toutes les re-

cherches faites jufqu'à préfent on n'a pu découvrir la Coquille naturelle de cette efpece, quoi qu'on en trouve affez fouvent de pétrifiées, où l'on découvre encore des morceaux d'écaille. Cette Claffe d'animaux fe feroit-elle perduë de notre Terre? Du moins il eft certain, que ces Coquilles ont fervi d'habitation à des Créatures vivantes, & il eft aifé de s'en convaincre en les mangeant par le frottement au point qu'on puiffe entrevoir leur ftructure intérieure.

J'aurois quantité d'autres remarques à faire fur les Coquillages pétrifiés, fi je ne craignois pas de m'éloigner trop de mon fujet. Il me fuffit d'avoir prouvé, comme je crois, que ce font des reftes d'animaux, qui ont vécu autrefois, & que par conféquent les endroits où il s'en trouve ont été couverts d'eau, foit par un Déluge univerfel, foit par des Inondations particulieres.

CHAPITRE XV.

Déluges particuliers.

QUant à ces derniers, nous ne fçaurions douter, qu'il n'y en ait eu dans les temps les plus réculés de l'Antiquité,

Platon rapporte, dans ſon *Timée*, que les Prêtres *Egyptiens* avoient aſſuré *Solon*, fameux Légiſlateur des *Athéniens* qui vivoit environ 600 ans avant la Naiſ-fance de J. C. qu'au dehors du Détroit de *Gibraltar* il y avoit eu très-anciennement une Iſle immenſe, & plus grande que l'*Afrique* & l'*Aſie* enſemble, appellée *Atlantide*, qui a été inondée par un Tremblement de Terre, & engloutie par la Mer dans un jour & une nuit. On pourroit conjecturer delà, que l'ancien & le nouveau Monde ont été autrefois contigus, ou du moins peu diſtans l'un de l'autre par la communication réciproque de ces grandes Iſles. Perſonne ne doute aujourd'hui, que l'Iſle de *Sicile* n'ait tenu autrefois à l'*Italie*, dont elle a été ſéparée par une irruption violente de la mer. La ville de *Rheggio* ſituée ſur le Détroit qui ſépare l'*Italie* de la *Sicile*, porte le monument de cette Révolution dans ſon nom même, qui veut dire arracher, emporter, & *Ovide* dit dans ſes *Métamorphoſes*, Liv. xv.

> *Zancle quoque junčla fuiſſe*
> *Dicitur Italiæ, donec confinia Pontus*
> *Abſtulit, & media tellurem reppulit undâ.*

L'Iſle *Eubée*, aujourd'hui *Négrepont*,

a été autrefois unie à la *Gréce*, dont elle a été détachée par l'impétuosité des flots de la mer. Les habitans de *Ceylon* débitent comme un fait certain que leur Isle a fait anciennement partie du continent de l'*Asie*, & qu'elle en a été séparée par une irruption violente de l'Océan. On croit aussi pour de bonnes raisons que l'Isle de *Sumatra* étoit autrefois contiguë avec *Malaca*, & formoit le *Chersonnese* d'or, & en effet lorsqu'on la regarde de loin, on la croiroit encore unie à cette Presqu'Isle. Sans sortir de l'*Europe*, nous avons lieu de croire, & le S. *Verstegan* prouve par des argumens fort plausibles, que la *Grande-Bretagne* n'a fait autrefois qu'un même Continent avec la *France*, & qu'originairement elle n'étoit qu'une Presqu'Isle. Nous ne sçavons pas, en quel temps ni par quel accident cette séparation s'est faite, ni si la Terre par un tremblement a ouvert le passage à la Mer, ni si c'est un Canal creusé par la main des hommes pour la facilité du Commerce, ou pour former une barriere entre les deux Nations pendant le cours d'une guerre. Quoi qu'il en soit, les preuves que cet Auteur apporte pour l'union

ancienne de ce Pays, ont beaucoup de
vraisemblance. 1. Les ochers des deux
côtés de la Mer sont directement opposés les uns aux autres, & ceux de *Dover*
sont de la même matiere que ceux qui
bordent la côte entre *Calais* & *Boulogne*;
c'est à dire, que les uns & les autres
sont de craye mêlée de cailloux. 2. On
distingue visiblement la séparation des
Rochers des deux côtés , & les endroits par où ils ont tenu à d'autres.
3. Les Rochers d'une côte ont précisément la même étendue que ceux de
l'autre , & ils occupent des deux côtés
un terrain d'environ six lieuës. 4. Les
deux terres sont extrêmement proches ,
& au rapport d'habiles Marins leur distance ne passe pas vingt-quatre lieuës
d'*Angleterre.* On peut joindre à ces argumens un cinquiéme , qui est le peu
de profondeur du Canal, en comparaison de celle des deux Mers où il aboutit.

CHAPITRE XVI.

Que la Terre a été un Corps fluide.

JE crois ne pas trop riſquer en avan-çant que le Globe Terreſtre a été autrefois un Corps fluide ; cependant, comme je prévois que le Lecteur ne voudra pas m'en croire ſur ma parole, il eſt juſte que je m'efforce de démontrer ma propoſition. Je ſuppoſe pour cet effet, que la Terre tourne autour de ſon Axe dans vingt-quatre heures, de l'Occident à l'Orient. Cette hypothéſe, dont nous devons le renouvellement à *Nicolas Copernic*, Chanoine *Pruſſien*, eſt ſi raiſonnable, qu'on ne doit par s'é-tonner d'en trouver des veſtiges dans la Philoſophie même de l'Ancienne *Gréce*. Elle ne fit cependant pas fortune dans le Paganiſme. La Terre avoit ſa Divinité, à laquelle on avoit conſacré des Tem-ples, & il n'auroit pas été décent de les faire tourner & la Terre avec eux : par

conféquent il falloit la fuppofer immo-
bile. Le célébre *Galilée*, Mathématicien
du Grand-Duc de *Tofcane*, fit revivre
cette hypothéfe ; mais on la condamna
comme contraire aux paroles expreffes
de l'Ecriture Sainte. *Galilée* fut mis en
prifon, dont il ne fortit qu'après avoir
abjuré fa nouvelle Doctrine. *Copernic*
ofa la remettre fur la Scéne, & il auroit
peut-être eu le même fort, fi la mort
ne l'avoit pas mis à l'abri de toutes
pourfuites. Il mourut lorfqu'on lui préfenta le premier Exemplaire de fon Ouvrage. On a reconnu depuis fon temps
l'extrême probabilité du mouvement
diurne de la Terre, qui eft aujourd'hui
prefqu'univerfellement reçu dans la Phyfique & l'Aftronomie. Il y a même lieu
de préfumer, que cette hypothéfe paf-
fera bientôt pour une vérité démontrée,
& que le Vulgaire fe fera une loi de la
croire comme telle, fans fçavoir pourquoi. C'eft pour ne pas tomber dans cet
inconvénient que je dois du moins ajouter ici en deux mots quelque preuve de
ce que nous avançons, d'autant plus que
celle que j'ai à donner me paroît neuve
& convaincante.

Les Planettes & les Etoiles fixes femblent tourner autour de la Terre dans vingt-quatre heures , en décrivant des Aires proportionelles aux temps pério. diques. Si ce mouvement apparent étoit réel , il faudroit ſuppoſer dans ces corps céleſtes une force centripéte , qui leur donnât à tous une tendance vers la Ter- re ; & comme en ce cas le principe de cette force ne pourroit ſe trouver que dans la Terre même, il s'en ſuivroit né- ceſſairement , qu'elle devroit attirer tous les Aſtres qui l'environnent. Or la réac- tion eſt toujours égale à l'action; par conſequent tous les Aſtres attireroient de même la Terre. Si leur action ſur la Terre étoit égale de tous côtés , il fau- droit néceſſairement qu'elle tournât au- tour de ſon Axe dans les vingt-quatre heures de même que le Firmament, & nous verrions les Etoiles toujours au même endroit , ſans les voir jamais ſe lever ni ſe coucher ; ce qui eſt contre l'expérience. Si au contraire l'Attraction des Corps Céleſtes n'étoit pas uniforme de tous côtés , la Terre ſuivroit néceſ- fairement la direction de celle qui ſeroit la plus forte , & ſon mouvement n'au- roit plus rien de régulier , non plus que le lever & le coucher des Aſtres ; ce qui

repugne de même à l'expérience. Il est
donc impossible, que les Etoiles fixes
& les Planettes tournent autour de la
Terre dans vingt quatre heures; & comme d'un autre côté nous observons tous
les jours qu'elles avancent au Firmament, & que le lendemain elles se retrouvent au même endroit, il paroît
que, pour en rendre raison, il n'y a
d'autre parti à prendre que d'attribuer à
la Terre un mouvement diurne autour
de son Axe. D'ailleurs peut-on s'imaginer que tous les Corps Célestes tournent en si peu de temps autour de la
Terre, qui tient à peine lieu d'un grain
de sable en comparaison des espaces immenses de l'Univers? Je n'y vois pas
plus de raison que si l'on me disoit que
pour rôtir une mauviette, il faudroit
faire tourner autour d'elle le feu de la
cuisine avec toute la maison, la ville &
tout le Royaume. Je passe sous silence
les argumens ordinaires pris de la sta-
tion & rétrogradation des Planettes &
quantité d'autres, dont les Physiciens
se servent dans leurs Systêmes.

Après tout il faut rendre justice à
ceux mêmes qui se sont le plus opposés
au mouvement diurne de la Terre. S'ils

l'ont combattu avec tant de vigueur, ce n'eſt pas qu'ils n'en ayent ſenti auſſi bien que nous l'extrême vraiſemblance ; mais il l'ont regardé comme incompatible avec les paroles expreſſes de l'Ecriture Sainte, & principalement à celles de *Joſué*, lorſqu'il commanda au Soleil de s'arrêter dans ſa courſe, pour prolonger le jour de ſa victoire.

J'ajoûterai ici quelques réponſes que les Naturaliſtes ont faites à ces objections. Les uns diſent, que ſauf le reſpect que nous devons à l'Ecriture Sainte quant aux Articles de Foi, nous ne ſommes pas obligés de nous en rapporter à ſes paroles rigoureuſement priſes pour les connoiſſances de Phyſique & d'Aſtronomie qui ne ſont pas le but de ce Livre. D'autres prétendent, que *Joſué* a parlé du mouvement propre du Soleil autour de ſon Axe, & que ce mouvement étant intimément lié avec le diurne de la Terre, celle-ci a dû de même s'arrêter au moment que le Soleil ne tournoit plus. D'autres encore interprétent la ſtation du Soleil comme une ſimple apparence, qu'ils dérivent de la réfraction de ſes rayons dans la grêle, dont ils ſuppoſent que l'air étoit alors

rempli , comme il l'eſt toujours aux apparitions des Parrhélies. Un Sçavant *An-*
glois prend les paroles de *Joſué* pour le
commencement d'une Hymne Triom-
phale qu'il a chantée avec les *Iſraëlites*
après le gain de la bataille ; d'autant
plus que ces Hymnes étoient fort en
uſage dans ces temps anciens, & que ces
ſortes d'expreſſions ſublimes & méta-
phoriques étoient propres aux Nations
Orientales & le ſont encore aujourd'hui.
D'autres enfin, qui paroiſſent les plus
raiſonnables, prétendent que *Joſué* en
commandant au Soleil de s'arrêter, n'y
a entendu autre choſe, ſinon qu'il ne
changeât pas de ſituation à l'égard de
la Terre , & qu'il continuât de faire
jour, ſans avoir voulu décider, ſi le
principe du mouvement qu'il vouloit
arrêter étoit dans le Soleil ou dans la
Terre ; ce qui revenoit au même pour
produire l'effet déſiré.

Je ſuppoſe donc , que la Terre tourne autour de ſon Axe de l'Occident à
l'Orient dans vingt-quatre heures, & je
pars de - là pour prouver qu'elle doit
avoir été autrefois un Corps fluide, du
moins du côté de ſa ſurface. La peſanteur donne généralement à toute la ma-

tiere une tendance vers le centre de la
Terre. Or dans des preſſions ſi oppoſées
il ne peut jamais ſe former d'équilibre,
à moins que toute la matiere ne ſoit également éloignée du centre ; par conſé-
quent il faut que la Terre ait reçu dans
ſa premiere formation la figure d'une
Sphére parfaite. Suppoſons que ce ſoit
actuellement ſa figure, & qu'elle commence en ce moment à tourner autour
de ſon Axe ; il eſt certain que tous les
points de ſa ſurface, à l'exception des
deux Poles, décriroient un cercle dans
les vingt-quatre heures Ces cercles de-
viendroient plus grands à meſure que les
points approcheroient de l'Equateur, &
le point de deſſous celui-ci, ſeroit le plus
grand de tous. Or les viteſſes ſont comme les eſpaces parcourus dans des temps
égaux ; par conſequent elles ſeroient les
plus grandes ſous l'Equateur, & les
plus petites du côté des Poles. Par-là
toute la matiere de la Terre acquerroit
une force centrifuge, c'eſt-à-dire, une
tendance à s'éloigner du centre de la
Terre, qui ſeroit la plus forte du côté
de l'Equateur, où la viteſſe ſeroit ſans
contredit la plus grande. Ces vaſtes diſtricts de la Terre ſont occupés par le

grand Océan , qui étant un corps fluide
devroit néceſſairement s'élever par la
force centrifuge ; d'où il s'enſuivroit directement, que le Continent de la Zone
Torride devroit être inondé. L'expérience prouve le contraire , '& nous ne
ſçaurions conclure de-là autre choſe, ſinon qu'il doit être auſſi élevé que les
eaux de la Mer. Or je voudrois qu'on
m'expliquât , comment ce Continent a
pu s'élever au niveau de l'Océan par le
mouvement diurne de la Terre , ſans
avoir été auſſi fluide que ſes eaux mêmes?

Ceux à qui il reſte peut-être quelqu'obſcurité ſur cette matiere , quoiqu'aſſez claire par elle-même , pourront
aider leur imagination , en ſe rendant
ces idées ſenſibles par une expérience
fort ſimple. Qu'on faſſe une Sphére de
fil d'archal qui ne ſoit pas trop fort, enſorte que les cercles repréſentent différens Méridiens. Qu'on y paſſe un Axe
ſur lequel on puiſſe tourner la Sphére
avec rapidité ; & l'on verra que la force
centrifuge du fil d'archal donnera à la
Sphére la figure d'une Sphéroide , c'eſt-
à-dire , que le diamétre de l'Equateur
deviendra plus grand que l'éloignement

dés deux Poles. Si le fil d'archal n'obéït pas aſſez à la force centrifuge, on n'a qu'à charger l'Equateur de quelques poids de plomb pour vaincre ſa roideur.

· Le Chevalier *Newton* s'eſt rendu immortel pour avoir démontré le premier la véritable figure de la Terre. Il a plus fait : ſans le ſecours d'aucune meſure ni d'aucune expérience, & n'ayant d'autre guide que la ſolidité de ſes raiſonnemens, il a même déterminé la proportion mathématique des deux diamétres, comme l'on peut le voir dans ſes *Principia Philoſophiæ Naturalis Mathematica*. Il conçoit dans la Terre deux canaux remplis d'eau, non comme s'ils y exiſtoient en effet, mais ſimplement pour rendre ſa démonſtration plus aiſée à comprendre. Il imagine un de ces canaux étendu du Pole du Nord vers le Centre de la Terre, & l'autre entre le Centre & l'Equateur. Or, en ſuppoſant que la Terre tourne autour de ſon Axe dans vingt-quatre heures, l'eau du premier canal ſe trouvant dans l'Axe même n'auroit aucune force centrifuge ; au lieu que celle de l'autre en auroit une très-conſidérable. Cette force tendroit

continuel-

continuellement à s'éloigner du centre
de la Terre, & agiroit par conséquent
en direction opposée à la pesanteur. Il
n'est pas dit cependant, que l'eau s'en-
voleroit par-là de la Terre : elle ne le
pourroit pas à cause de sa pesanteur qui
surpasse toujours de beaucoup sa force
centrifuge ; mais il est certain que sa
pesanteur en seroit beaucoup diminuée.
Les forces opposées se combattent toujours ; mais lorsqu'elles sont inégales,
le mouvement suit la direction de celle
qui l'emporte sur l'autre. Si donc il est
vrai que l'eau contenuë dans le Canal
qui tend de l'Equateur au centre de la
Terre est plus legere, que celle qui remplit le Canal du Centre au Pole ; il est
impossible aussi qu'il puisse y avoir un
équilibre, & le mouvement doit de
même suivre ici la direction de la force qui agit le plus efficacement ; c'est-
à-dire, que l'eau doit s'affaisser du côté
des Poles, & s'élever sous l'Equateur.
C'est ainsi que M. *Newton* cherche à
déterminer la proportion des deux de-
mi-diamétres de la Terre, & qu'il prouve que le diamétre des Poles est à celui de l'Equateur, comme 229 à 230.
En admettant cette proposition *New-*

tonienne comme juſte, il eſt aiſé de déterminer la différence en lieues des de-
mi-diamétres Terreſtres, en ſuppoſant
que le petit contient 860 lieuës d'*Allemagne*. La Regle d'or donne la pro-
poſition ſuivante : $229 : 230 = 860 : 863\frac{173}{229}$. Ainſi la différence des demi-
diametres eſt de $3\frac{173}{229}$ lieuës d'*Allema-
gne*, & par conſequent la Terre eſt de
plus de trois lieues & demie plus élevée ſous l'Equateur que ſous le Pole. Il
eſt viſible par la démonſtation même,
que le Continent doit être autant élevé
que l'Océan pour en comprimer les
eaux. Cette différence eſt aſſez conſidérable, & il n'y a pas de Montagne
ſur la Terre qui ait autant de hauteur
perpendiculaire.

CHAPITRE XVII.

Nouvelle Explication du Déluge.

SI je ne m'étois pas fait une loi de
préférer le ſolide de la vérité au
clinquant d'une hypothéſe ingenieuſe &

nouvelle, je trouverois ici l'occasion la plus favorable du monde de fabriquer une explication du Déluge, à laquelle personne n'a encore pensé, & qui auroit du moins autant de vraisemblance que celles des autres. Je dis plus : elle seroit sujette à moins de difficultés que la Théorie de M. *Whiston*, & s'accorderoit mieux avec les paroles de *Moyse*.

Qu'on s'imagine, que la Terre n'avoit pas de mouvement diurne avant le Déluge, & qu'elle ne faisoit que tourner dans un an autour du Soleil. Toutes ses parties tendoient donc par leur pesanteur au Centre. Leur pression étoit égale de toutes parts, & le Globe Terrestre avoit la forme d'une Sphére parfaite, de même que nous voyons qu'une goutte d'eau prend cette figure parce que toutes ses parties s'attirent également. Supposons encore, qu'il y avoit de l'eau sur la surface de la Terre, de même que dans ses entrailles, & à peu près dans la même quantité qu'il s'en trouve aujourd'hui : que sera t-il arrivé si la Terre a commencé tout d'un coup à tourner autour de son Axe ? La Théorie de M. *Newton* nous apprend, que les eaux de l'Equateur ont dû s'éle-

ver de plus de trois lieuës & demie
d'Allemagne, & par conséquent inonder le Continent, & même couvrir les
plus hautes Montagnes. Elles ont dû s'é-
tendre sur toute la Terre jusqu'aux Poles, & causer une inondation générale,
mais aussi en même temps s'affaisser
par-là jusqu'à quinze aunes au dessus des
plus hautes Montagnes. Or la quantité
des vapeurs est toujours proportionnée
à la surface de l'eau qui s'évapore : par
conséquent il s'est élevé de toute la surface du Globe Terrestre une quantité
prodigieuse de vapeurs, qui s'étant
amassées dans l'Air doivent être retom-
bées en formant des pluyes d'une longue durée. La force centrifuge des eaux
renfermées dans les entrailles de la
Terre a dû s'augmenter de même, &
en élevant la croûte Terrestre former
d'un côté des Montagnes & de l'autre
un mêlange de terre & d'eau, ensorte
que l'on peut dire, que la plus grande
partie de la croûte de notre Globe a été
alors une masse fluide d'eau & de terre:
d'où il s'ensuit nécessairement qu'il a dû
prendre la figure d'une Sphére applatie,
& telle que M. *Newton* la détermine dans
sa Théorie. D'un autre côté, comme le

demi-diamétre de la Terre s'eſt élevé
ſous l'Equateur de trois lieuës & demie,
il doit s'être formé par-là au dedans de
la Terre un vuide ſuffiſant pour rece-
voir les eaux ſurabondantes de la Terre
qui ſe ſont déchargées par-là de ſa ſurface. Il s'enſuit par la Théorie même,
que la capacité de ce vuide a été préciſément telle qu'il n'a reſté ſur la Terre
ni plus ni moins d'eau qu'il n'y en avoit
eu avant le Déluge. La croûte Terreſtre
s'eſt enſuite ſéchée peu à peu & s'eſt
remiſe, à ſon élevation près, dans l'é-
tat où elle avoit été auparavant. On n'a
pas beſoin dans cette Théorie, comme
dans celle de M. *Whiſton*, de ſuppoſer
trop peu d'eau ſur la Terre avant le Déluge, & en l'admettant il eſt aiſé de
rendre raiſon de l'origine d'une quantité prodigieuſe de plantes & d'animaux
pétrifiés. Il eſt vrai, qu'on ne ſçauroit
concevoir comment la Terre a pu commencer de tourner autour de ſon Axe
ſans miracle ; mais n'en a-t il pas fallu
un de même du temps de la Création,
pour lui communiquer ce mouvement
diurne ? & auſſitôt que, pour expliquer
un effet ſurnaturel, il en faut venir à
un miracle, la circonſtance du temps

ne sçauroit le rendre plus ou moins poffible. L'ouverture des abîmes & la pluye
de quarante jours, dont *Moyse* fait
mention, ne peuvent être mieux expli-
quées par aucune des autres Théories.
J'ose en général me flater d'avoir beaucoup diminué le nombre des difficultés
qui affectent le Syftême de M. *Whiston*,
& s'il en refte dans le mien, elles font
communes à celui de ce grand homme,
pour ne pas dire à tous les autres.

Il m'importe fort peu que ma Théorie du Déluge faffe fortune ou non.
J'ai expliqué un fait qui a pu caufer une
pareille Révolution. Il eft certain que
ce fait eft arrivé ; mais il ne l'eft pas de
même, que fon Epoque foit tombée au
temps du Déluge, ni que cette inondation générale n'ait pu provenir d'autres caufes. Je dis que le fait tel que je
l'explique eft certainement arrivé : car
nous ne fçaurions douter que la Terre
n'ait la figure d'une Sphéroide, & il eft
impoffible qu'elle ait pu l'acquérir, fans
avoir été fluide.

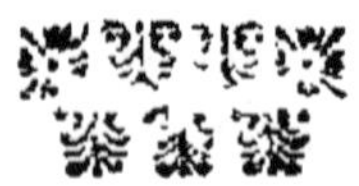

CHAPITRE XVIII.

Sentiment de M. NEWTON sur la Figure de la Terre, & sur celle de Jupiter.

CE n'est pas que le sentiment de M. *Newton* sur la figure de la Terre n'ait été combattu par d'autres. Les Physiciens de son temps au contraire étoient partagés en deux Sectes, & la guerre fut ouverte entre les deux partis. Ils s'accordoient tous à dire que la figure de la Terre n'étoit pas parfaitement sphérique ; mais il s'agissoit de la déterminer au juste telle qu'elle étoit. Mrs. les *Académiciens* de *Paris* & leurs Sectateurs, se fondant sur des mesures réellement prises, lui donnoiént la figure d'un œuf. Les degrés du Méridien tiré dans le Royaume par ordre du Roi avoient paru plus grands que ceux de l'Equateur, d'où il s'ensuivroit nécessairement, que le diamétre des Poles devoit être plus grand que celui de l'E-

G iiij

quateur, c'est-à-dire, que la Terre devoit être allongée par les Poles. Les *Anglois* d'un autre côté faifis de l'éclat de
la Théorie de leur Illuftre Compatriote, aimoient mieux, plutôt que de fe
fier à la décifion trompeufe des inftru-
mens pour les mefures, démontrer ou,
pour mieux dire, deviner mathématiquement, que la Terre devoit être applatie fous les Poles & élevée fous l'É-
quateur. Il n'eft pas rare en fait de
Phyfique, de voir la raifon. combattuë
par l'expérience. L'une & l'autre peuvent s'égarer ; mais auffitôt qu'elles opé-
rent avec juftefle, elles font toujours
d'accord. C'eft à l'*Académie Royale
des Sciences* de *Paris*, que la Phyfique
à l'obligation de la folution de cette
Enigme. Deux Députations nommées
par cet Illuftre Corps, ont mefuré un
degré de la Terre, l'une fous le Cercle
Polaire, & l'autre fous l'Equateur. Le
Public a été inftruit du détail de ces fameux exploits par les fçavans Ouvrages qui ont paru fur ce fujet, & les mefures effectives ont confirmé la Théorie
de M. *Newton*.

Une feconde preuve pour le moins
auffi évidente que les mefures mêmes,

a achevé d'établir la vérité du fait. Il
s'en fuivoit néceffairement de la figure
de la Terre élevée fous l'Equateur, que
les Corps comme ayant une plus grande force centrifuge, devoient y être
plus legers que fous les Poles. Les Expériences prifes avec des Pendules ont
auffi vérifié la réalité de cette circonftance.

Tout le monde fçait qu'il n'y a que
deux moyens d'accélerer le mouvement
d'une Pendule: c'eft de le raccourcir ou
d'en augmenter le poids. Les deux Opérations contraires fervent par la même
raifon à ralentir fon mouvement. Si
donc, comme l'Expérience l'a prouvé,
il faut raccourcir le Pendule fous l'E-
quateur, & l'allonger fous les Poles
pour le faire marquer le même inftant
de temps; il eft évident que la caufe de
cette différence doit réfider ou dans la
longueur du Pendule ou dans fon poids.
J'avoue que la chaleur du Soleil fous
l'Equateur peut allonger les Métaux en
les rarefiant, comme le froid du Pole
peut les condenfer & les raccourcir;
mais, outre que ces Expériences ont été
faites fous l'Equateur dans l'Ombre & à
l'abri des rayons du Soleil, il eft clair

par les principes de la Physique, que
leur chaleur est à beaucoup près insuf-
fisante pour allonger les Pendules à proportion de ce qu'on est obligé de les
raccourcir. Il faut donc convenir, que
la cause de cette différence ne peut rési-
der que dans le poids, & qu'il doit devenir plus leger sous l'Equateur, & plus
pesant sous les Poles. C'est ainsi que
cette seule circonstance prouve d'une
maniere évidente non-seulement la figure sphéroidique de la Terre, mais en
même-temps la réalité de la force centrifuge, & de la Révolution de la Terre
autour de son Axe.

M. *Newton*, non content d'avoir déterminé la figure de la Terre, a de même entrepris de régler celle de *Jupiter*.
Le produit de son calcul donne que le
diamétre des Poles dans cette Planette
est à celui de son Equateur, comme 8
à 9, & cette même proportion a été
vérifiée par les Observations télescopi-
ques. Il est très-apparent que toutes les
autres Planettes principales de notre
Systême sont de même des Sphéres ap-
platies; mais il n'est pas également aisé
de s'en assurer par des Observations.
Mercure est trop petit, & d'ailleurs tou-

jours enfoncé dans les rayons du Soleil de même que *Venus*, qui tourne trop lentement autour de ſon Axe. Le peu de différence qui doit y avoir entre ſes deux diamétres, n'eſt guéres ſenſible aux yeux d'un Obſervateur Terreſtre. *Mars* eſt cinq fois plus petit que la Terre, & il lui faut plus de temps pour ſon mouvement diurne. *Saturne* eſt trop éloigné de nous, pour que nous puiſſions déterminer ſa vraye figure par la voye des Téleſcopes. On ne ſçait pas même en combien de temps il tourne autour de ſon Axe, quoiqu'il ſoit certain qu'il a un mouvement diurne comme les autres Planettes. Ces mêmes difficultés n'ont plus lieu à l'égard de *Jupiter*. Nous ſçavons qu'il fait la Révolution autour de ſon Axe en neuf heures, cinquante-ſix minutes, & que ſon diamétre eſt dix fois plus grand que celui de la Terre. Or les Periphéries ſont comme leurs diamétres ; par conſequent, en ſuppoſant le temps du mouvement diurne égal dans les deux Planettes, un point ſous l'Equateur de *Jupiter* devroit tourner dix fois plus vite qu'un point ſous l'Equateur de la Terre. Mais comme *Jupiter* fait ſa Révolution en trois fois

moins de temps que la Terre ; il s'enſuit que la viteſſe & la force centrifuge
de la matiere doivent être, ſur cette énorme Planette, environ trente fois plus
grande que ſur la nôtre. Ne peut-on pas
préſumer de-là avec beaucoup de vraiſemblance, que la figure de *Jupiter* doit
s'éloigner conſidérablement d'une Sphére parfaite ?

Les Planettes Secondaires ou autrement les Lunes, tournent fort lentement autour de leur Axe. Nous voyons
par l'exemple de la nôtre, qu'elles font
leur mouvement diurne dans le même
temps qu'elles achevent leur Periode
autour de leurs Planettes principales.
C'eſt-là vraiſemblablement la cauſe du
peu de changement qu'on obſerve pendant un long-temps dans les tâches de
la *Lune* ; quoi que ce changement ſoit
fréquent dans les Planettes principales.
Ces tâches, ſi nous en croyons les Phyſiciens de nos jours, ſont cauſées par
des amas d'eau, & il eſt aiſé de concevoir, qu'une grande force centrifuge
doit les agiter beaucoup plus, que
quand cette force eſt moindre.

CHAPITRE XIX.

Mouvement de Saturne.

Uant à *Saturne*, il m'eſt venu une idée qui peut-être ne ſoûtiendra pas l'examen devant le Tribunal de nos Philoſophes Modernes. Je ſuppoſe d'abord qu'il eſt vraiſemblable que cette Planette tourne autour de ſon Axe. Il eſt vrai, que juſqu'à préſent les Obſervations des plus habiles Aſtronomes n'ont pu rien décider ſur ſon mouvement diurne : mais on conçoit ſans peine que ſon grand éloignement la met au-delà de la portée de nos Téleſcopes; & puiſque nous avons découvert ce mouvement dans les autres Planettes, comme *Venus*, la *Terre*, *Mars* & *Jupiter*, pourquoi voudrions - nous que *Saturne* en fut exempt ? Suppoſons encore comme vraiſemblable, que toutes les Planettes ont été autrefois fluides, du moins du côté de leur ſurface. Ce fait a été prouvé par rapport à la Terre, & eſt évident par la figure ſphéroïdique même de cette Planétte *Jupiter* a cette même figure, & il n'y a pas lieu de douter que ſa croûte n'ait été fluide. Il eſt vrai que les Obſervations ne nous font pas découvrir cette même figure dans les autres Planettes, mais j'ai indiqué la cauſe pour laquelle nous ne pouvons pas nous en rapporter à leur égard au témoignage de nos yeux, ni a celui de nos Téleſcopes.

Je ſuppoſe donc que toutes les Planettes ont été autrefois fluides, & que *Saturne*, qui eſt du nombre, a été alors pour le moins auſſi grand que *Jupiter* l'eſt aujourd'hui, d'autant plus que les loix du mouvement exigent que la Planette la plus éloignée d'un Syſtême ſoit auſſi la plus grande ou du moins la plus peſante. Suppoſons enfin, que le mouvement diurne de *Saturne* autour de ſon Axe, ait été alors encore plus rapide que celui de *Jupiter* l'eſt aujourd'hui, & que par-là la force centrifuge de ſa matiere en ait ſurmonté la peſanteur. La ſuite naturelle d'un pareil mouvement ne peut qu'avoir forcé une portion de ſa matiere à ſe détacher ſous l'Equateur où la force centrifuge étoit la plus active, & à former autour de la

Planette un autre corps ſolide, c'eſt-à-
dire, cet Anneau mince & large, que
les Obſervations Aſtronomiques ont découvert à l'endroit de ſon Equateur.

On me diſpenſera, j'eſpere, d'ap-
porter des preuves de ce que j'avance.
Perſonne n'a encore ſçu nous inſtruire
ſur la matiere & ſur la nature de ce ſingulier Anneau ; & ſi mon hypothéſe
eſt ſujette à caution, je la crois du
moins auſſi raiſonnable que de ſuppoſer avec certains Phyſiciens que cet
Anneau n'eſt qu'un amas de petites Lunes. Il y en auroit donc des milliards ?
La Nature auroit-elle tant œconomiſé
avec ſes Lunes à l'égard de nous & de
Jupiter à qui elle en a donné ſi peu, &
point du tout aux autres Planettes, pour
les prodiguer à cet excès en faveur de
Saturne ?

CHAPITRE XX.

Suite de la nouvelle Théorie du Déluge.

LA force centrifuge nous a emporté juſqu'aux extrêmités de notre Syſtême Planétaire. Tachons de regagner le Globe Terreſtre, & de retrouver le fil de ſon Hiſtoire. J'ai prouvé que ſa croûte a été fluide & entiérement couverte d'eau. Je ne prétends pas ſoûtenir, que l'Inondation générale, dont il eſt queſtion ici, ſoit tombée préciſément au temps du Déluge, quoi que j'aye affecté ci-deſſus de m'en ſervir pour fabriquer une Théorie de ce dernier événement. Elle eſt peut-être arrivée bien long-temps avant le Déluge *Moſaïque*, & il y a même des circonſtances qui ſemblent nous le perſuader. Les Coquillages & les Poiſſons pétrifiés ſont enfoncés trop avant dans la Terre, pendant que le Déluge n'a pu les enterrer que près de ſa ſurface. Mais ce qui me paroît beaucoup plus difficile à expliquer, c'eſt que les Pétrifications que nous trouvons ne ſont pour la plus grande partie que des animaux qui ont vécu dans l'eau. Or il eſt certain qu'avant le Déluge il y a eu une quantité prodigieuſe d'autres animaux ſur la Terre, & ſi nous pouvons nous en rapporter aux témoignages des Hiſtoriens, le nombre des hommes qui peuploient alors la Terre étoit beaucoup plus conſidérable que celui qui l'habite aujourd'hui.

Or je demande, quel a donc été le ſort de tous ces hommes & de tous ces animaux ? Que ſont-ils devenus ? Et d'où vient qu'on n'en trouve pas de veſtiges auſſi bien que des Coquillages & des Poiſſons ? Les os des animaux peuvent ſe pétrifier, & l'on en trouve ſouvent qui le ſont dans le cœur des Rochers les plus durs. Le Lecteur voit que je ne ſuis guéres prévenu pour ma nouvelle Théorie du Déluge. Je ne diſſimule pas les difficultés qui l'affectent, & je me forge moi-même des armes pour la combattre. *Miſſon*, dans ſon *Voyage d'Italie*, fait mention d'une Ecreviſſe vivante trouvée au milieu du Marbre aux environs de *Tivoli*; & *Brand*

dit qu'on avoit mangé en *Angleterre*
des Moules tirées vivantes de la terre
par la charruë. On prétend même en
avoir trouvé près de la ville de *Mold* en
Flintshire. Elles furent tirées d'un Roc
vif de trois pieds de profondeur, & les
Poiſſons étoient vivans dans leurs écailles. J'avoue volontiers que mon eſprit
eſt trop borné pour comprendre ces
merveilles. Je crois même, que perſonne de nos Naturaliſtes ne voudroit
entreprendre d'expliquer cette Enigme,
à moins qu'on n'ait recours à une certaine vertu figurative, que les Anciens
appelloient *Plaſtique* ; mais dont juſqu'à
préſent nous ne connoiſſons encore que
le terme, qui ne dit rien pour l'explication de la choſe.

La Phyſique moderne a renoncé à
ces grands mots, & aux qualités occul-
tes qu'ils déſignent. C'étoient dans l'ancienne Philoſophie des lieux communs,
où l'ignorance trouvoit un Azyle aſſuré.
Nous aimons mieux avouer ingenû-
ment le défaut de nos connoiſſances,
que de chercher à nous en impoſer à
nous-mêmes par des termes pompeux
qui ne répondent à aucune idée.

La Terre tourne autour de ſon Axe

de l'Occident à l'Orient. Or si elle a jamais été fluide, il faut que les couches soûterraines ayent cette même direction. En effet les Mineurs assurent d'une voix unanime, que les Métaux s'étendent ordinairement de l'Est à l'Ouest. Il s'en suivroit de-là que les Métaux, sinon tous, du moins ceux qui observent cette direction, doivent avoir existé avant le Déluge. Les Charbons de Terre si fréquens en *Angleterre* sont orientés de même.

Voici l'Extrait d'une Lettre de *Thomas Willoughby* au Sçavant *Ray.* „ J'ai „ consulté, dit-il, quelques Mineurs „ sur la direction des Charbons, & j'ai „ appris, que l'extrêmité de la veine „ pointe ordinairement à l'Ouest. Elle „ s'étend de-là à l'Est; & sur vingt aunes „ de longueur elle en gagne une de „ profondeur. Elles s'écartent quelque„ fois un peu de cette direction, & les „ miennes pointent pour la plus grande „ partie au Sud-Ouest, & au Nord Est; „ mais elles se plongent généralement „ toutes plus ou moins vers l'Est. „

CHAPITRE XXI.

Origine des Poiſſons pétrifiés.

JE joindraï ici certaines autres difficultés, qui ſelon moi embarraſſent
beaucoup l'origine des Poiſſons pétrifiés, ſi l'on prétend la dériver du Déluge *Moſaique*. Le Sieur *Hoffman*, Officier des Mines, dont j'ai parlé ci deſſus, m'a fourni les matériaux de mon
raiſonnement & de mes doutes. On
peut s'en rapporter à ſon exactitude
ſcrupuleuſe pour ſes Obſervations, & il
eſt mieux en état que qui que ce ſoit
de les faire, tant ſur les morceaux précieux & rares qui compoſent ſon Cabinet, que ſur une infinité de Pétrifications de toute eſpece qui lui paſſent
journellement par les mains.

Pour entrer dans un certain détail de
l'Hiſtoire Naturelle des Poiſſons pétrifiés dans l'Ardoiſe, il faut commencer
par ſe former une idée juſte de la nature & de la direction de la couche.
Qu'on prenne pour cet effet un Volume

mince *in-folio*, & que l'ayant couché devant ſoi ſur la Table, on l'éleve un peu d'un côté : il n'importe pas qu l'autre bout du Livre repoſe ſur la table par un côté entier, ou ſimplement par un coin, ni que ſon inclinaiſon ſoit de 1, 5, 10, 50 juſqu'à 90 degrés ; & il repréſentera toujours la direction & la chûte de la couche. Si l'on regarde la table comme la ligne horiſontale, & qu'on tire ſur le Livre une ligne qui lui ſoit parallele, elle marquera la *Direction* de la couche. Une autre, perpendiculaire à celle-ci, eſt appellée ſa *Chûte.* Le couvercle d'en-bas du Livre repréſente le *Couchant*, & celui d'en-haut le *Pendant* de la couche. Les feuilles ſignifient les Ardoiſes, & les Eſtampes ſont les Poiſſons. Quelle que ſoit l'inclinaiſon de la couche, quand même elle ſe tiendroit droite à 90 degrés, comme il y en a en effet, le pendant, le couchant, les Ardoiſes & les Poiſſons, étant conſiderés reſpectivement entr'eux, ſeront toujours paralleles.

La direction de la couche eſt rarement interrompuë, mais ſa chûte l'eſt fort ſouvent, & au point que quand

on croit la pourſuivre en droiture, on
eſt ſurpris de voir que la couche a fait
un ſaut, & qu'on eſt obligé de la reprendre quelquefois 3 ou 4 toiſes plus
bas ou plus haut. Ces interruptions ſont
cauſées par des vuides, qui s'ouvrent
peu à peu juſqu'à des hauteurs conſidérables, & diminuent de même de l'autre côté. Ce ſont des crévaſſes effectives du Globe Terreſtre, dont la plus
grande partie s'eſt remplie depuis d'une
eſpece de ſel ou *Quartz* blanchâtre,
dont elles ſont bouchées à peu près comme la fracture d'un os. Elles traverſent
indifféremment le pendant & le couchant, & l'on voit à *Reigelsdorff* en *Heſſe*
que ces nouveaux accroiſſemens ont
formé dans leurs crévaſſes des veines
véritables & régulieres de Cobalt, dont
il y en a de très-riches.

C'eſt en cet endroit que j'ai eu la
ſatisfaction d'être témoin oculaire des
Opérations de la Nature. Etant chargé
par ordre du *Landgrave* de lever le Plan
des anciens Bâtimens de Mines de Cobalt & d'Ardoiſes, je trouvai des diſtricts
dont le couchant avoit été enduit d'une
croûte blanche par les eaux qui s'écou-
loient par-deſſus, & les vieux parois

d'Ardoiſe en étoient tout-à-fait incruſtés.
Je découvris dans un autre endroit, au
milieu de l'eau qui couloit encore, des
morceaux admirables de *Spa h* blanc
comme de la ſuccrerie. Dans un ancien
conduit, qui avoit encore été praticable
quinze ans auparavant, il y avoit d'un
côté du Roc une croûte d'une demie-
aune d'épaiſſeur de ce *Spath* blanc qu'on
voit dans les veines de Cobalt, & que
les eaux y avoient laiſſée. On trouve de
même dans nos Mines de *Saxe* des anciens parois d'ardoiſe, entiérement enduits d'une croûte blanche, & travail-
lée comme ſi c'étoit l'ouvrage d'un Con-
fiſeur.

Les couches ayant été déchirées par-
ci par-là, avec le pendant auſſi bien que
le couchant, par les crévaſſes dont je
viens de parler, les Ardoiſes ſe trouvent
de même briſées, & leurs éclats ſont en
partie vuides, & en partie parſemés d'ac-
croiſſances de *Spath* ou de Cobalt ; &
c'eſt ce qui eſt la cauſe qu'on y trouve ſi
rarement des Poiſſons entiers, & principalement des groſſes eſpeces

La couche entiere d'Ardoiſe eſt compoſée de pluſieurs petites couches, de
même que le pendant & le couchant,

dont la matiere & la couleur ſont ſi différentes, comme je l'ai déjà remarqué
ci-deſſus. Les Poiſſons ſont les plus fréquens dans l'Ardoiſe dont les couches
ſont faciles à ſéparer ; ce qui n'empêche
pas qu'il n'y en ait de même dans celles
qui ſe détachent difficilement.

Je paſſe aux Poiſſons mêmes. Quand
on ſépare une Ardoiſe qui en contient
un, on en voit deux Empreintes, qui
repréſentent l'une & l'autre la poſition
de l'animal, ſoit ſur le dos, ſoit de côté
ou ſur le ventre.

Ceux qui ſont au fait des Mines con-
noiſſent la poſition des Ardoiſes par leur
nom, & ſelon l'ordre dans lequel elles
ſe ſuccedent; & quand on leur en préſente une avec un Poiſſon ils voyent d'a-
bord la poſition qu'elle a euë dans la
couche. Son deſſus marque la véritable
poſition du Poiſſon, & renferme ordinairement le reſte de ſon Corps. Le deſſous de l'Ardoiſe en contient très-peu :
il eſt creux, & l'autre eſt relevé ; c'eſt-
à-dire, qu'il eſt comme un cachet,
dont le deſſus eſt l'empreinte.

Ceci fait voir qu'on doit regarder les
Poiſſons d'en-bas comme un plancher
figuré de plâtre. Si l'Ardoiſe étant couchée

chée fur la table on regarde le Poiſſon
qui paroît étendu fur le ventre, & mon-
trant le dos, on doit en prendre préci-
ſement le contrepied, puiſqu'il a été
étendu fur le dos dans la couche. Il en
eſt de même quand on voit le ventre du
Poiſſon ; & l'on peut être fur que dans
la couche il avoit le dos en-haut.

On trouve les Poiſſons dans toutes
les ſituations conformes à la ſtructure
de ces Animaux vivans ; mais l'on voit
diſtinctement, qu'ils font morts d'une
mort violente & douloureuſe. Ils font
le plus ſouvent couchés fur le dos, &
beaucoup courbés, enforte qu'on voit
même un pli dans l'endroit de la plus
forte infléxion. D'autres font étendus
fur le côté comme un Harang, & ceux-
ci font plus rares. Les moins fréquens
font ceux qui font couchés fur le ventre. Ceux-ci paroiſſent repréſenter des
Animaux vivans ; mais ils reſſemblent
toujours à un Poiſſon prêt à mourir. Ils
panchent un peu de côté, & l'on voit
les deux nageoires du ventre, dont l'une
eſt couchée fur le corps, & l'autre étendue fur l'Ardoiſe. Cette derniere poſition eſt la plus rare de toutes. Je n'ai
jamais pu rencontrer un Poiſſon couché

droit ſur le ventre, comme il ſe tient ordinairement en nageant.

Leur dimenſion s'accorde exactement avec celle des Poiſſons vivans, qui eſt dans les uns & dans les autres d'un peu plus de cinq têtes de long. Le Cryſtallin de l'œil, lorſqu'on y frape un peu, eſt ordinairement blanc, comme dans le Poiſſon cuit.

Les Flancs des Poiſſons naturels ſont traverſés d'une ligne plus ou moins viſible, qui s'étend depuis la tête juſques vers le milieu de la queuë. Elle marque l'endroit où la chair du dos ſe ſépare aiſément de celle du ventre, & elle tire vers le brun dans le Poiſſon cuit. On la voit diſtinctement ſur les Ardoiſes, & encore mieux quand on les mange par le frottement. On diroit alors que cette ligne eſt piquée de points de fil blanc.

Il eſt rare de voir les arrêtes, & ce n'eſt que dans les grands Poiſſons qu'on remarque quelques traces de celle du dos. Mais quand on les mange par le frottement, on découvre des reſtes d'arrêtes, qui reſſemblent pour la matiere & la couleur au Cryſtalin.

On ne voit jamais des écailles, & l'on n'en découvre pas même avec le Microſcope. Les quarrés en lozange , qu'on avoit pris jufqu'a préfent pour des écailles , font des fibres de chair , comme il eft aifé de s'en convaincre en mangeant l'Ardoife par le frottement , puifqu'ils y reftent toujours à quelque profondeur qu'on pénétre dans le Poiffon. En effet le dehors des écailles ne reffemble à l'attouchement qu'à une peau dure & unie , dont il n'a pas pu fe former d'empreinte fur l'Ardoife. D'ailleurs le peu qui refte du Poiffon ne fait pas la vingtiéme partie de fon corps , & il ne feroit pas poffible fuivant cette proportion de reconnoître les traces des écailles. L'empreinte du Poiffon eft bordée d'une ligne fubtile ou plutôt d'une pellicule blanche , qu'on diftingue fort bien lorfqu'on caffe l'Ardoife en travers , & encore mieux quand on la mange par le frottement. Je crois ne pas me tromper en prenant cette petite raye blanche pour le refte des écailles du Poiffon.

La tête eft ordinairement très - difforme ; ce qui ne doit pas nous furprendre. Elle eft compofée de plus de quarante Os , qui étant moitié pourris & moitié brifés , ne fçauroient former un Tout bien arrangé , & qui doit fe défigurer encore une ſeconde fois lorſqu'on fend l'Ardoiſe. Cependant on y découvre quelquefois certains os connus, comme les deux macheoires, les deux petits os des narines, les os larges des ouies & d'autres des mêmes endroits qui ont la forme d'une faux, les ovales qui tiennent au corps ſous les ouies, & où ſont attachées les deux nageoires, les vertébres de celles-ci, &c.

CHAPITRE XXII.

Claſſes des Poiſſons renfermés dans les Ardoiſes.

JE joindrai ici les Découvertes que j'ai faites touchant les différentes Claſſes des Poiſſons renfermés dans les Ardoiſes.

La premiere Claſſe générale porte au bas du dos du côté de la queuë une nageoire, devant laquelle il y a trois muſcles qui ont la forme de bouclier. Elle a ſous le ventre deux paires de nageoires, & une nageoire ſimple, à côté de laquelle on découvre quelques veſtiges de l'anus ; ce ſont un ou deux muſcles myrtiformes, & au haut de la queue il y en a ſept en forme de boucliers qui ſe joignent par les pointes comme les chevrons d'un toict. Les deux paires de nageoires du ventre ſont éloignées l'une de l'autre de la longueur d'une tête, & la diſtance des deux d'en-haut eſt plus grande que celle des deux d'en-bas. Cette Claſſe s'accorde aſſez avec nos Ablettes, Harangs, Moutoiles & quantité d'autres du même genre. Elle eſt propre aux Ardoiſes de *Mansfeld*, & ceux qui ſe vantent d'y avoir trouvé des Carpes ou d'autres eſpeces de Poiſſons, ſont dans l'erreur, ou prétendent en impoſer au Public.

La ſeconde Claſſe générale a les mêmes nageoires ſous le ventre que la premiere ; mais celle du dos eſt préciſément vis-à-vis la nageoire ſimple du ventre. On n'y voit jamais les muſcles qui paroiſſent aux Poiſſons de la premiere Claſſe, & ils ſont beaucoup plus grands. J'en poſſede un qui a vingt ſept pouces de long, & je n'en ai jamais vu d'au-deſſous de dix huit. Ils reſſemblent en tout au Brochet, & ſont plus rares que les Poiſſons de la premiere Claſſe.

La troisiéme se trouve toujours par morceaux, & je n'en ai jamais pu rencontrer d'entiers. Il y en a qui ont la peau chagrinée ; & je posséde une tête de cette espece , dont la proportion annonce un corps de plus d'une aune de long , & un autre morceau couvert d'une pareille peau ; mais dont il est difficile de faire la Description.

Il semble qu'il y a une *quatriéme Classe ,* dont la peau est toute unie. Je n'en ai qu'un seul morceau , qui paroît avoir appartenu à une Anguille.

Il faut avouer que ces restes de Poissons représentent parfaitement l'ordre & le méchanisme d'un corps organisé. Ils ressemblent exactement aux mêmes especes que nous connoissons aujourd'hui. J'ai vu des Ardoises , où en emportant la chair du dos & en les mangeant par le frottement , on avoit fait paroître les nageoires du ventre. J'en posséde aussi qui renferment deux Poissons couchés l'un sur l'autre , qu'on peut même séparer en s'y prenant avec adresse & avec patience.

Cependant je remarque dans les trois Classes mentionnées une circonstance extraordinaire, qui ne s'accorde avec

aucune des eſpeces de nos Poiſſons vivans. C'eſt la partie ſupérieure de la
queuë, qui eſt toujours beaucoup plus
longue, plus groſſe, plus charnuë, &
autrement formée que ſa partie inférieure, enſorte que celle-ci ne paroît
que comme une nageoire de l'autre ;
ce qu'on voit encore plus diſtinctement
quand on mange l'Ardoiſe par le frottement. On pourroit me dire, que ce
ſont peut-être des eſpeces inconnuës
dans nos Contrées. Je n'ai rien à repli-
quer, ſinon que je n'en ai jamais trouvé de pareilles, figurées d'après Nature
dans les Eſtampes, pendant que j'oſe
me vanter d'avoir vu toutes celles qui
ſont ſur la Terre. La partie ſupérieure
de la queuë étant plus longue que l'inférieure, elle eſt plus ſujette à être endommagée que celle-ci ; & l'on en trouve en effet qui ſont pliées comme le
feuillet d'un Livre ; d'autres ſont tortil-
lées comme une feuille d'herbe ; d'autres encore ſont recourbées par en-haut ;
au lieu que je n'ai jamais obſervé rien
de pareil dans la partie inférieure.

Ne pourroit-on pas préſumer de là,
que ces Poiſſons ne viennent pas tant
du Déluge *Moſaïque* que d'une autre

Inondation générale de la Terre arrivée long-temps auparavant, & de celle
même qui a changé ſa figure ſphéri-
que en Sphéroide ? Cela étant, il faudroit auſſi ſuppoſer la Mer peuplée
alors de Créatures toutes différentes de
celles qui y vivent aujourd'hui : au quel
cas il ſeroit aiſé de comprendre pourquoi les Pétrifications ſont beaucoup
plus fréquentes en Coquillages & en
Poiſſons qu'en os d'Animaux Terreſtres;
car quant à ceux-ci, qu'auroient ils fait
ſur la Terre pendant qu'elle étoit un corps
fluide plutôt que ſolide, du moins du
côté de la ſurface ? Les os qu'on trouve
dans la Terre peuvent y être venus
après coup, & long-temps après les
Poiſſons & les Coquillages. Ce ſont
peut-être les reſtes du Déluge *Moſaique*, pendant que les autres Pétrifications
dérivent des Inondations antérieures.

CHAPITRE XXIII.

Origine des Tâches de Venus, &c.

EN effet ces sortes d'événemens semblent inévitables dans une Planette qui tourne autour de son Axe, comme la Terre. Les Astronomes observent souvent du changement dans les Tâches de *Venus*, de *Mars* & de *Jupiter*, qui ne sont autre chose que les eaux de ces Planettes, qui sortent de temps en temps de leur limites & y causent nécessairement des Inondations plus ou moins considérables. La grandeur immense de *Jupiter*, & la rotation rapide autour de son Axe en moins de dix heures, doivent communiquer à ses eaux beaucoup plus de mouvement & de force centrifuge que n'ont celles de toutes les autres Planettes, & par conséquent causer des Inondations très-fréquentes & terribles, dont selon moi ses *Bandes* sont des preuves manifestes & visibles ; puisqu'il est aisé de prouver par les principes de la *Phoronomie*, que dans une Planette qui

H y

tourne avec rapidité autour de ſon Axe, les eaux ne peuvent déborder que dans une direction parallele avec l'Equateur. Cette énorme Planette n'eſt vraiſemblablement habitée que par des Amphibies. Les Animaux Terreſtres n'y ſçauroient être en ſureté, à moins que ce ne ſoit du côté des Poles.

Nous n'avons rien qui puiſſe guider nos conjectures touchant les Inondations de *Mercure* & de *Saturne*. L'immerſion continuelle dans les rayons du Soleil de l'un, & l'éloignement immenſe de l'autre, nous empêchent d'appercevoir leurs tâches, loin de pouvoir obſerver leurs variations.

Celles de la *Lune* ſont plus viſibles : & il eſt vrai qu'on n'y remarque guéres de changement ; mais il eſt aiſé d'en concevoir la raiſon. Elle ne tourne qu'une ſeule fois autour de ſon Axe dans tout le temps qu'elle parcourt ſon Orbite autour de la Terre, qui eſt d'environ vingt-ſept jours & demi. Or il eſt évident, que la force centrifuge des Eaux Lunaires eſt trop conſidérable pour les faire déborder. Il en eſt de même à l'égard des autres Satellites ; & certaines Obſervations faites ſur ceux de *Jupi-*

ter paroiſſent confirmer nos conjectures. Les Lunes ſeront donc habitées par des Ames bien tranquilles, au lieu que les Habitans d'une Planette telle que *Jupiter* doivent être des Eſprits turbulens & impétueux. Quelques-uns prétendent que nôtre Lune n'eſt point du tout habitée; & peut-être n'eſt-elle qu'un magazin où ſe font certains dépôts de la Terre. *Arioſte* nous donne le détail de ce qu'*Aſtolphe* y trouva de plus ſingulier, dont on voit l'Extrait ſuivant dans la *Pluralité des Mondes* de l'incomparable M. *de Fontenelle.*

» Roland, Neveu de Charlemagne
» étoit devenu fou, parce que la belle
» Angelique lui avoit préferé Medor.
» Un jour Aſtolfe, brave Paladin, ſe
» trouva dans le Paradis Terreſtre qui
» étoit ſur la Cime d'une Montagne
» très-haute, où ſon Hippogrife l'avoit
» porté. Là il rencontra Saint Jean,
» qui lui dit, que pour guérir la folie
» de Roland il étoit néceſſaire qu'ils
» fiſſent enſemble le voyage de la Lune.
» Aſtolfe, qui ne demandoit qu'à voir
» du pays, ne ſe fait point prier, &
» auſſitôt voilà un charriot de feu qui
» enleve par les airs l'Apôtre & le Pa-

» ladin. Comme Aſtolfe n'étoit pas
» grand Philoſophe, il fut fort ſurpris
» de voir la Lune beaucoup plus gran-
» de qu'elle ne lui avoit paru deſſus la
» Terre. Il fut bien plus ſurpris enco-
» re de voir d'autres Fleuves, d'autres
» Lacs, d'autres Montagnes, d'autres
» Villes, d'autres Forêts, & ce qui
» m'auroit bien ſurpris auſſi, des Nym-
» phes qui chaſſoient dans ces Forêts.
» Mais ce qu'il vit de plus rare dans
» la Lune, c'étoit un Vallon, où ſe
» trouvoit tout ce qui ſe perdoit ſur la
» Terre de quelqu'eſpece qu'il fut, &
» les Couronnes, & les Richeſſes, &
» la Renommée, & une infinité d'eſ-
» perances, & le temps qu'on donne au
» jeu, & les Aumônes qu'on fait faire
» après ſa mort, & les Vers qu'on pré-
» ſente aux Princes, & les Soûpirs des
» Amans. Mais dévinez de quelle ſorte
» de choſe on ne trouva point dans la
» Lune ? De la Folie. Tout ce qu'il y
» en a jamais eu ſur la Terre s'y eſt
» très-bien conſervé. En recompenſe il
» n'eſt pas croyable combien il y a dans
» la Lune d'Eſprits perdus. Ce ſont au-
» tant de Phioles pleines d'une liqueur
» fort ſubtile, & qui s'évapore aiſément

,, fi elle n'eft enfermée ; & fur chacune
,, de ces phioles eft écrit le nom de ce-
,, lui à qui l'efprit appartient. ,,

CHAPITRE XXIV.

Changemens caufés à la Terre par le Feu.

NOus ne nous fommes entretenus jufqu'ici que d'Eau, de Vapeurs, d'Inondations, de Déluges, &c. Il eft temps de dire un mot de ce qui leur eft directement oppofé , & nous ne parlerons dorénavant que de Feu & Flammes, de Fumée & d'Exhalaifons, de Tonnere, de Tremblemens de Terre, de Crevaffes de Rochers , &c. J'aurois du peut-être commencer par-là mon *Hiftoire de la Terre* : car il eft vraifemblable felon moi , qu'elle a fubi fort anciennement deux Révolutions très-confidérables , dont l'une a été caufée par l'eau & l'autre par le feu. Il eft cependant très-difficile de déterminer avec une efpece de certitude , laquelle des deux a été la premiere , & je laiffe la liberté à chacun de donner le pas à celle qu'il voudra. Il y a néanmoins certaines circonſtances, qui nous perſuadent, que l'Inondation générale de la Terre a précédé ſon Tremblement univerſel; & c'eſt ce qui m'a fait ſuivre ce même ordre dans cette Hiſtoire.

Les Phyſiciens nous aſſurent que l'U-nivers eſt rempli d'une matiere infiniment ſubtile, qu'ils appellent le Feu, & dont le mouvement produit la lumiere & la chaleur. Ces deux effets, autant que nous pouvons nous en appercevoir par l'uſage de nos ſens, ne vont pas toujours enſemble. Les Rayons du Soleil refléchis de la Lune donnent de la lumiere, mais ils n'ont point de chaleur, & l'eau chaude au contraire a de la chaleur ſans lumiere. Je dis, autant que nos ſens peuvent l'appercevoir: car il pourroit y avoir en effet un dégré de chaleur ou de lumiere, ſans qu'il affectât nos ſens. Il y a des corps qui rendent de la lumiere quand ils touchent au plus fort degré de chaleur, dont ils ſont ſuſceptibles, & l'on dit alors qu'ils rougiſſent au feu. Une petite particule de matiere rougie, qui paroît à l'œil comme un point, eſt ce qu'on appelle une *Etincelle*, dont plusieurs, lorsqu'elles se touchent de fort près, forment une flamme. Toutes les matieres ne font pas capables de s'enflammer, & l'expérience fait voir que les plus inflammables font celles qui rendent de l'odeur, foit par elles-mêmes ou étant échauffées à un certain degré.

L'inséparabilité de ces deux circonstances est vraisemblablement cause que les Chymistes appliquent généralement le nom de *Soufre* à tout ce qui est combustible & odoriferant dans la matiere. Ils ont emprunté ce nom du Soufre naturel, parce que la plûpart des particules qui le composent font d'une matiere qui est aifée à enflammer, & qui rend une odeur. Nous donnerons le nom de corps combustibles à ceux qui renferment le Soufre des Chymistes, c'est-à-dire, qui s'enflamment aifément.

Il est hors de doute, que la Terre est remplie au dehors & en dedans d'une quantité prodigieufe de matiere combustible, comme Bois, Tourbes, Charbons de Terre, & toute forte de Bitumes ; & de ce Bitume, felon les Voyageurs, on en trouve beaucoup fur les rivages de la *Mer Morte*, où l'on prétend que *Sodome* étoit située. Quelle quantité énorme de Soufre naturel ne tire-t-on pas de la Terre? Tout ce que nous en consumons journellement n'a pas d'autre origine. Le nombre considérable de Volcans qui jettent feu & flamme depuis un temps immémorial, doivent suffire pour nous convaincre, que les matieres combustibles ne manquent pas dans les entrailles de la Terre. Il y en a qui croyent que ce qui brûle dans ces Volcans est du véritable Soufre, & l'on prétend, que le célébre M. *de Tschirnhaus* s'est fait descendre dans le *Vesuve*, & qu'il en a remporté quantité de Soufre sublimé. On m'a même montré de pareilles fleurs de Soufre, qu'on dit avoir été tirées de ce même Volcan.

Mais je crois devoir douter de la fidélité de ces recits depuis qu'un ami qui avoit resté long-temps dans le Pays m'a donné une idée juste de l'état du Mont *Vesuve*. Il m'a assuré qu'il n'étoit jamais tout-à-fait tranquille, & qu'il en sortoit continuellement de la fumée entremêlée de plus ou moins de flammes, qui de temps en temps étoient très-violentes ; qu'il l'avoit vu lui mê-

me en cet état pendant plufieurs années ; & que les Habitans des environs
lui avoient témoigné qu'ils l'avoient obfervé de même de tout temps ; que loin
de defcendre dans le Volcan on ne pouvoit pas feulement l'approcher d'un
quart de lieuë à caufe de la quantité
prodigieufe de cendres qui l'environnent, & dans lefquelles on rifqueroit de
s'abîmer. Ce même Ami a auffi vifité la
Grotte de *Porffol*, où il y a des exhalaifons fortes & fulphureufes qui s'éloi-
gnent peu de la Terre, & qui fuffoquent
les hommes & les animaux, lorfqu'ils
les refpirent.

A quelque diftance de-là il y a un
Lac, où l'on jette les animaux fuffoqués, & qui les fait revenir. On regarde
cette qualité du Lac comme quelque
chofe d'extraordinaire ; mais je crois
que toute autre eau feroit le même effet,
qu'on ne doit attribuer qu'à la furprife de fa fraicheur. Nous fçavons par
les principes de la Phyfiologie, que le
but principal de la refpiration eft le raf-
fraichiffement & la condenfation du fang
dans les Poûmons après avoir été échauffé & rarefié par une circulation continuelle. L'eau froide produit naturelle-

ment le même effet qui eft d'autant plus falutaire pour ces animaux fuffoqués, que leur accident n'eft autre chofe que la refpiration interceptée par les exhalaifons fulphureufes.

L'eau de ce Lac eft froide, comme je l'ai dit ; mais fon lit , qui eft formé d'un fable noir, eft fi chaud, qu'on s'y brûle les mains, & l'on y fait durcir un œuf dans une minute. Nous concluons de tout ceci que le terrain de la Grotte & du Lac de *Pouffol*, de même que celui du *Vefuve* & des environs doivent être chargés de quantité de Soufre , & vraifemblablement d'autres matieres combuftibles , qui s'enflamment effectivement dans certains endroits , pendant que dans d'autres elles ne font que s'échauffer plus ou moins , fans s'allumer.

CHAPITRE XXV.

*Comment les Matieres s'echauffent
dans la Terre.*

MAis, dira-t-on peut-être, quand
même la Terre seroit remplie de
matieres combustibles, comment peuvent - elles s'enflammer dans ses entrailles? Les corps naturels ne s'allument
que quand ils touchent au degré le plus
éminent de chaleur dont ils sont suscep-
tibles : ainsi il nous reste à faire voir
qu'il est possible que les matieres combustibles s'échauffent entr'elles dans l'intérieur de la Terre. La Nature a plusieurs moyens de produire cet effet, &
la Physique Expérimentale nous en a
fait connoître quelques-uns, dont elle
se sert ordinairement. L'eau forte ; qui
est un composé tiré par la distillation
de l'huile de Vitriol & du Nitre, étant
mêlé avec de l'huile, y cause une chaleur souvent si considérable, que le tout
éclate en flamme, comme on l'observe

ſurtout en la mêlant avec les huiles diſ-
tillées & peſantes des Végétaux, comme des Girofles, &c. Le même effet a
lieu avec l'huile legere & volatile de
Vitriol dulcifié, qui a entr'autres la pro-
prieté merveilleuſe de diſſoudre le Phoſ-
phore. Cette huile prend feu pour peu
qu'on l'approche de la flamme, & ſe
conſume entiérement ſur la ſurface de
l'eau, ſans laiſſer le moindre veſtige de
ſa ſubſtance ?

Toutes les fois qu'un métal ſe diſſout promptement dans de l'eau forte,
celle-ci s'échauffe beaucoup & jette de
la fumée. L'expérience réüſſit parfaitement avec la limaille de fer, dont la
ſolution n'eſt qu'un effet de l'attraction
mutuelle, & du frottement violent des
particules ferrugineuſes, & d'autres particules ſalines contenuës dans l'eau forte. La fréquence des points de contact
dans la limaille facilite beaucoup la ſolution, & accélére le mouvement des
particules de feu renfermées dans le
fer. Le frottement augmenté excite la
chaleur, qui cauſe à ſon tour l'évaporation de quantité de particules ſulphureuſes.

Lorſqu'on mêle dans un verre d'eau

de la limaille de fer avec de l'huile de Vitriol, celle-ci commence auffitôt à diffoudre l'autre : le verre s'échauffe, & il fe forme des exhalaifons fulphureu-fes, qui étant renfermées deviennent fort élaftiques, & s'allument à l'inftant qu'on les approche d'une flamme.

Qu'on prenne de la limaille de fer & du foufre pulvérifé, & qu'on en faffe une pâte avec de l'eau. Elle s'échauffe-ra fur le champ, & il s'en élevera des exhalaifons fulphureüfes & très - élafti-ques qui briferont le verre s'il eft bien bouché. Si l'on met quelques livres de cette pâte dans un pot fous terre, cel-le-ci s'élevera par l'élafticité des exha-laifons, qui s'enflammeront fouvent en fortant au grand air.

La Chymie fournit quantité d'autres corps qui s'enflamment d'eux mêmes, & nous en voyons tous les jours des exemples dans les Phofphores & les Pyrophores connus de tout le monde, Pourquoi voudroit on douter, que de pareils échauffemens & embrafemens ne puiffent de même avoir lieu fous Terre par le mélange de femblables matieres inflammables ? Nous en voyons dans notre Pays une preuve manifefte par

l'embraſement des Charbons de Terre
dans les Mines de *Wettin*, qui dure déjà depuis quelques années. Je fus chargé il y a quelque temps par ordre du
Roi de faire des recherches ſur l'origine
de cet accident, & je crois l'avoir découverte & expliquée, tant dans le rapport que j'en fis à la Cour, que dans
une brochure ſur les Charbons de Terre
publiée quelque temps après. J'en ré-
péterai ici le précis en peu de mots.

Les Charbons de Terre renferment
du Soufre, du moins en prenant ce mot
dans le ſens le plus étendu : car comment pourroient-ils autrement brûler &
rendre de l'odeur ? Deplus on en trouve
ſouvent qui ſont couverts d'une croûte
de véritable Soufre. L'eau, qui coule
dans le Roc qui renferme ces Charbons, eſt chargée d'une terre ferrugi-
neuſe qui s'y attache ſous la forme d'u-
ne pouſliere rougeâtre ? Voilà donc un
mélange d'eau, de ſoufre & de fer. Or
nous ſçavons par l'expérience, que ces
ſortes de mélanges produiſent une chaleur, dont le degré éminent cauſe un
embraſement effectif. Suppoſons donc
que ces trois matieres ſe mêlent dans
la juſte proportion capable de produire

cet effet ; il eſt certain que les Charbons
s'échaufferont ; la chaleur allant toujours
en augmentant les conſumera & les ré-
duira en cendres ; le paſſage libre &
continuel de l'air les allumera à la fin,
& en accélérera l'embraſement total.
C'eſt pour cette raiſon qu'on a fort bien
fait de combler les conduits de la Mine
affectés de ce malheureux accident,
pour couper toute communication avec
l'air extérieur : car quoi qu'on ne puiſſe
empêcher par-là la conſomption intérieure des Charbons, on en arrête du
moins le cours , & l'on prévient l'embraſement général de toute la Mine.

Je joindrai ici une Expérience rap-
portée par M. *Suedenborg* , qui pourra
ſervir de preuve à mon raiſonnement
Les *Suedois* , dit il , voulant fondre du
fer , allument les Charbons dans le four-
neau , dont-ils bouchent exactement
toutes les ouvertures pour empêcher le
paſſage de l'air ; & douze jours apres
lorſqu'ils l'ouvrent , ils trouvent le fer
fondu & les Charbons conſumés aux
deux tiers Ce qui reſte eſt extrêmement
chaud , ſans qu'on voye une étincelle de
feu ; mais le paſſage libre de l'air les al-
lume bientôt , & en peu de temps ils

font réduits en cendres. La même chofe eft encore évidente par les embrafemens qui arrivent fouvent, caufés par la
pluye dans des tas de Charbons de
Terre expofés au grand air. Ils font
remplis de Soufre, & ils font ordinairement foûpoudrés d'une terre ferrugineu-
fe : ainfi il n'eft pas étonnant que, la
pluye y amenant de l'eau, ils s'échauffent au point que tout le tas devienne
un brafier effectif, par le paffage libre
& l'action continuelle du grand air.

Ces fortes d'accidens font ordinairement funeftes, quand ils arrivent en
dedans des Mines de Charbons ; & l'on
en a vu de trilles exemples en *Allemagne* & en *Angleterre*. Les exhalaifons
fulphureufes commencent à fe faire fentir dans tous les conduits de la Mine,
& s'enflamment fouvent à l'approche de
la lumiere que les Mineurs apportent.
L'air s'échauffe & fon élafticité devient
fi violente, qu'il fort fouvent avec une
explofion terrible par l'ouverture de la
Mine. On a vu des habits arrachés des
corps des Mineurs, leurs Vindas, Ca-
bles, Seaux, &c. emportés à des diftan-
ces très confidérables, & quantité d'autres effets d'une force furprenante. Ces
incendies

incendies des Mines arrivent même quelquefois sans qu'on y apporte de lumiere : & c'est la seule explication qu'on puisse donner aux bruits soûterrains, qui se font entendre en *Angleterre* dans les endroits où sont les Mines de Charbons: bruits qui ressemblent au roulement d'un grand nombre de chariots. Je joindrai ici une Relation de ces sortes d'accidens, tirée du célébre M. *Ray.*

» Il y a , dit-il , une espece de Va-
» peur ou Exhalaison , que quelques-
» uns appellent *Vapeur de Feu* ou *Vapeur*
» *Fulminante* , dont le Chevalier *Jessop*
» m'a envoyé une Relation circonstan-
» ciée , & dont nous trouvons même
» un récit dans les *Transactions Philoso-*
» *phiques* , N. 117, tel qu'il l'avoit
» communiqué depuis au Docteur *Lis-*
» *ter* ; & N. 119. une autre Relation
» plus ample adressée en guise de Ré-
» ponse à certaines questions qui lui
» avoient été proposées par le célébre
» M. *Boyle.* Il rapporte , que cette es-
» pece de vapeur prend sur le champ
» feu à l'approche d'une chandelle ou
» de quelqu'autre matiere enflammée ,
» & qu'elle sort de l'ouverture de la
» Mine avec une explosion semblable

I

» au bruit d'un coup de canon. Il allé-
» gue l'exemple de trois hommes qui
» en ont été mortellement bleſſés. L'un
» ſe trouvant dans une Mine de Char-
» bons de Terre en eut les bras & les
» jambes caſſés, & ſon corps fut con-
» tourné d'une façon extraordinaire. Un
» autre à *Wingersworth* entrant la chan-
» delle à la main dans une Mine où il
» y avoit une pareille vapeur, ſe trou-
» va tout d'un coup entouré de quan-
» tité de flammes, qui lui brûlerent
» conſidérablement le viſage, les mains,
» les cheveux & les habits. Il entendit
» fort peu de bruit lui-même, mais un
» autre qui travailloit en ce moment
» dans une Mine voiſine, & ceux qui
» étoient au-deſſus de la terre furent
» frapés d'un coup terrible, qui reſ-
» ſembloit à celui du Tonnerre : la ter-
» re en fut ébranlée ſous leurs pieds,
» & ils accoururent fort épouvantés
» pour voir ce que c'étoit. Ils avoient
» des lumieres qui furent deux fois
» éteintes, & les ayant r'allumées pour
» la troiſiéme fois ils ne trouverent rien
» dans l'endroit qu'une odeur inſuppor-
» table de ſoufre, & une chaleur com-
» me celle d'un poëlle bien allumé ; ce

» qui les fit promptement quitter l'ou-
» verture de la Mine. La même chose
» arriva au troisiéme homme dans le
» même endroit : car se trouvant pro-
» che l'ouverture de la Mine enflammée
» il en fut jetté à la distance de plus de
» six pieds, & en eut la tête cassée &
» le corps meurtri en plusieurs endroits.
» Le Vindas, qui dominoit sur la Mine,
» fut jetté en l'air à une hauteur consi-
» dérable. On ne sentoit point d'odeur
» avant que le feu prit à la Mine ; mais
» il laissa une puanteur affreuse de sou-
» fre après l'explosion. La vapeur in-
» flammable se tint suspenduë au des-
» sus de l'ouverture de la Mine , &
» ceux qui y approchoient furent obli-
» gés de porter leurs lumieres fort bas ,
» sans quoi la vapeur auroit pris feu.
» L'explosion s'étant faite , la flamme
» dure encore deux ou trois minutes ,
» & quelquefois plus long-temps. L'Au-
» teur ajoûte , qu'il n'avoit jamais en-
» tendu parler de vapeurs , qui se soient
» allumées d'elles-mêmes , & que les
» explosions de cette vapeur fulminan-
» te laissent ordinairement une fumée
» noire , qui ressemble par l'odeur & la
» couleur à celle de la poudre à canon.

» Le Sieur *Beaumont* nous aſſure, qu'on
» obſerve de pareilles vapeurs funeſtes
» dans certaines Mines de Charbons de
» Terre des Montagnes de *Mendip.*
» Voyez les *Collections Philoſophiques*,
» N. 1. Le Sieur *George Sinclair* dit,
» qu'on en trouve de même dans le
» Pays de *Werdy*, à l'Oueſt de *Leith*,
» où l'on voit ſouvent en plein jour
» dans les Mines de Charbons ces ſor-
» tes de vapeurs voltiger & briller dans
» des petits creux comme du ſoufre en-
» flammé. Le plus terrible de ces ſortes
» d'accidens fut ſans contredit celui,
» qui arriva en 1675 à *Moſtyn* en *Flint-*
» *shire*, dans la même année que celui
» de *Wingersworth*. Les Mineurs man-
» querent ſubitement d'air, & les va-
» peurs enflammées ſe firent voir dans
» les crévaſſes du Roc, où il y avoit eu
» de l'eau autrefois, en reluiſant & s'é-
» lançant d'un côté de la Mine à l'au-
» tre comme autant de lames d'épées.
» Le feu s'y mit à la fin tout-à-fait,
» & l'effet fut beaucoup plus violent que
» celui des vapeurs de *Haſſelberg* & de
» *Wingersworth*, en laiſſant une puan-
» teur affreuſe. Nous liſons dans les
» *Tranſactions Philoſophiques*, N. 136,

» que le feu prit aux vapeurs par l'im-
» prudence de quelqu'un qui paſſa par-
» deſſus l'ouverture de la Mine avec
» une lumiere dans la main. La vapeur
» enflammée paſſa & repaſſa à difſé-
» rentes repriſes par tous les creux de la
» Mine, avec un vent & un bruit épou-
» vantable ; elle arracha les habits aux
» Mineurs, leur brûla les cheveux &
» la peau, en emporta quelques - uns
» juſqu'à des diſtances de vingt à tren-
» te pieds, & les jetta contre les parois
» du Roc. Elle gagna à la fin l'ouver-
» ture de la Mine, enleva un des Mi-
» neurs qui s'y trouva par hazard, &
» en ſortit avec une exploſion terrible,
» & ſemblable à un coup de canon ;
» mais beaucoup plus fort, puiſqu'on
» l'entendit à quinze lieuës de-là. Le
» corps de l'homme & quantité d'uſ-
» tenſiles, qu'elle avoit emportés, fu-
» rent trouvés ſur les ſommets des ar-
» bres, qui étoient élevés de plus de deux
» cens pieds au-deſſus du fond de la Mi-
» ne. Le Levier du Vindas ſervant pour
» monter un cable de plus de mille pe-
» ſant, quoi qu'aſſuré par de bonnes
» bandes de fer, fut enlevé en l'air avec
» le ſeau & le cable : les morceaux fu-

» rent éparpillés ſur les arbres des en-
» virons, & le Vindas même arraché de
» ſes fondemens. Le Sieur *Jeſſop* rap-
» porte à peu près la même choſe tou-
» chant les vapeurs ſuſpenduës dans les
» Mines de *Wingersworth.* Quand les
» Mineurs portoient leurs lumieres un
» peu trop haut, ils voyoient les va-
» peurs ſuſpenduës au-deſſus de leur
» tête ; elles deſcendoient en forme d'un
» brouillard noirâtre & s'allumoient à
» la lampe, dont elles allongeoient ſou-
» vent la flamme de la longueur d'un
» pied & davantage. »

CHAPITRE XXVI.

Tremblemens de Terre.

LEs Réfléxions, que nous pouvons
faire ſur ces ſortes d'événemens naturels, nous conduiſent à l'examen des
Tremblemens de Terre & des cauſes qui
peuvent les occaſionner. Tout le monde ſçait qu'on entend par-là ces ſecouſſes violentes, qui agitent de temps en
temps le Globe Terreſtre ; & qui ſelon

le degré de leur force produiſent des effets très-différens. Il y en a qui ne font qu'ébranler legerement la Terre ; d'autres lui donnent un mouvement ſi violent que les Edifices en ſont renver-ſés ; ſouvent la Terre ſe fend ſous les pieds des Habitans, & les enſevelit en ſe refermant un inſtant après. Ces con-vulſions funeſtes de notre Globe ſont ordinairement accompagnées d'exha-laiſons ſulphureuſes, & ſouvent de flam-mes qui s'élancent en l'air du fond de ſes crévaſſes. Des diſtricts entiers de terre ferme ſont engloutis dans les abî-mes & remplacés par des eaux qui ſor-tent des goufres inacceſſibles de ſes en-trailles. Il s'agit de rendre raiſon de ces terribles accidens infiniment plus dan-gereux que le plus affreux Tonnerre, qui n'en eſt qu'une foible image.

Les véritables ſiéges du Tremble-ment de Terre ſont les Royaumes de *Naples* & de *Sicile*, c'eſt-à-dire, pré-ciſément les mêmes Pays où ſe trouvent les Monts *Veſuve* & *Æthna*, reconnus pour les Volcans les plus conſidérables de la Terre. Ne devons-nous pas con-clure de-là, que les feux ſoûterrains ſont la cauſe efficiente de ces criſes terribles de notre Terre ? En effet on ne ſçauroit en douter , & nous ſommes en état d'expliquer par-là toutes les circonſtances qui accompagnent ordinairement les Tremblemens de Terre. Mais, pour le faire comme il faut , nous devons commencer par nous former une idée juſte de la conſtitution intérieure du Globe Terreſtre.

C'eſt une erreur de croire que la Terre ſoit un corps tout-à-fait ſolide , & ſans aucun vuide Elle eſt traverſée d'outre en outre d'une infinité de reſervoirs immenſes d'eau , & vraiſemblablement d'autant de cavernes & de gouffres impénétrables remplis d'air. Je ne citerai qu'un ſeul exemple de ces derniers , qui eſt la fameuſe *Grotte de Bauman* ; pourquoi voudrions-nous douter , qu'il ne puiſſe pas y en avoir de pareilles plus avant dans les entrailles mêmes de la Terre ?

J'ai prouvé ci-deſſus , que notre Globe renferme une quantité prodigieuſe de matieres inflammables & combuſtibles, capables de s'allumer par elles-mêmes ; & c'eſt tout ce qu'il nous faut pour donner une explication raiſonnable du Tremblement de Terre.

Suppoſons, par exemple, que dans un de ces gouffres ſoûterrains il ſe faſſe un mêlange de pluſieurs matieres inflammables qui s'échauffent à un certain point; il eſt certain que l'air renfermé dans ce gouffre contractera de-là un certain degré de chaleur & d'élaſticité, qui lui fera faire des efforts pour en ſortir avec impétuoſité. Si le deſſus de la caverne eſt aſſez fort pour réſiſter à la violence de ſon action, il ne s'en ſuivra qu'un ébranlement leger de la voute ſans autre effet; ſi au contraire ſes parois ſont trop foibles pour arrêter l'effet de l'élaſticité de l'air, ils en ſeront fracaſſés, & les flammes s'ouvriront un paſſage libre à travers leurs ruines : la croûte Terreſtre ſera engloutie dans les abîmes, & les eaux ſoûterraines en prendront la place ? Telle eſt la violence de l'air renfermé & échauffé à un certain degré ! Nous en avons vu il n'y a pas long-temps deux exemples mémorables, l'un à *Breſlau*, où la flamme ſortit avec impetuoſité & avec exploſion du four trop échauffé d'un Boulanger, & l'autre dans une Apothicairerie de *Zellerfeld*, où le feu prit au Baume de Soufre, repandu d'une retorte crevée

I v

sur les charbons. Dans l'un & l'autre cas,
l'élasticité de l'air brisa les portes &
les fenêtres, & généralement tous ses
effets ressembloient a. ceux du Tonnerre.

Mais l'échauffement de l'air dans les
cavernes soûterraines n'est pas la seule
cause capable d'augmenter le degré de
l'elasticité de l'air. Les vapeurs aqueuses
y contribuent aussi. La chaleur concentrée dans les entrailles de la Terre doit
être très-violente, & nous voyons souvent des torrens de feu & de métaux
fondus s'écouler par les ouvertures des
Volcans. Or il est impossible que ces
matieres enflammées ne se mêlent pas
quelquefois avec des eaux soûterraines:
auquel cas il s'en changera des quantités
considérables à la fois en vapeurs, dont
l'effet est aussi prompt & aussi violent que
celui d'une Mine de poudre qu'on fait
sauter. Je dis plus: on a trouvé qu'une
goutte d'eau changée subitement, & à
la fois en vapeurs leve un poids dix fois
plus pesant que ne feroit une égale quantité de poudre à canon. On pourroit
même chasser une balle de mousquet
par le moyen des vapeurs, en faisant
appliquer un canon à un Eolypile, fai-

mé par un robinet ou par une ſoûpape.
Mettez un peu d'eau dans l'Eolipyle ſur
des charbons allumés, chargez le canon
d'une balle de plomb ; & quand l'eau
ſera changée en vapeurs, ouvrez le robinet ou la ſoûpape : les vapeurs en ſor-
tant avec impetuoſité chaſſeront la balle
très-vivement & à une diſtance conſidérable, & l'on aura l'avantage de pouvoir tirer à différentes repriſes, à meſure que l'eau ſe change en vapeurs dans
l'Eolipyle bien échauffé. Je crois même que cette invention pourroit trouver ſon utilité dans la pratique, ſi l'on
ſe donnoit la peine de la perfectionner.
On ne connoiſſoit pas d'abord le véritable uſage de la poudre à canon, & il
falloit inventer des armes propres à faire valoir ſa découverte. Il en eſt de
même à l'égard des vapeurs, qui de-
mandent auſſi des inſtrumens convena-
bles pour exercer la force, dont elles
ſont ſuſceptibles par la rarefaction.

On a remarqué, que les Volcans
vomiſſent tantôt plus, tantôt moins de
flammes à l'approche d'un Tremblement
de Terre. L'un & l'autre eſt aiſé à concevoir. Lorſqu'ils jettent moins de feu,
il y a lieu de préſumer, que l'embra-

sement a pris une autre route sous Terre, & quand les *Eructations* redoublent, on peut conclure qu'il y a eu un accroissement de feu dans les matieres combustibles. Au reste on doit regarder les Volcans comme un bienfait singulier pour les Pays où ils se trouvent : ce sont comme des especes de soûpiraux, qui donnent une issuë aux feux soûterrains, lesquels causeroient des Tremblemens de Terre presque continuels, & se termineroient bientôt par un bouleversement général de la surface Terrestre, si la sortie leur étoit bouchée de tous côtés.

En réfléchissant, que pour former un Tremblement de Terre il ne faut que des cavernes soûterraines chargées de matieres combustibles & inflammables par leur mélange, on peut craindre avec une espece de raison, que ce Tremblement ne devienne un jour général par tout le Globe, & ne porte partout le feu & la désolation à la ruine de ses Habitans. Cette crainte paroît d'autant mieux fondée que nous venons de sentir il n'y a pas bien long-temps une pareille secousse assez générale dans l'*Empire*, la *France*, l'*Angleterre*, la *Suede*,

&c. Ce mouvement convulſif , qui ébranla preſque toute l'*Europe* , ne dura qu'un inſtant , & elle fut ſauvée apparemment par une criſe heureuſe qui ſe paſſa dans l'intérieur du Globe : mais qui pourra nous aſſurer , que ces convulſions ne le reprennent pas un jour plus fort que jamais , & qu'en devenant générales elles ne le démoliſſent pas de fond en comble ? En effet perſonne ne ſçauroit nier la poſſibilité d'un événement dont la cauſe eſt dans la Nature ; quoi que d'un autre côté nous n'ayons pas encore des notions aſſez ſolides pour appuyer une prédiction auſſi funeſte au Globe de la Terre.

CHAPITRE XXVII.

Prédictions des Tremblemens de Terre.

IL n'y a certainement rien de ſi délicat que le métier de ceux qui ſe mêlent de prédire un effet , à moins qu'ils ne ſoient en état de prouver la réalité de toutes les cauſes efficientes qui doi-

vent y concourir. Cependant je ne voudrois pas nier abſolument l'évidence de
ces ſortes de prédictions. Nous voyons
journellement des exemples frapans dans
les malades qui meurent du poûmon,
& qui prédiſent au juſte l'heure-de leur
mort. Si l'on conſulte les Médecins ſur
la raiſon de cette préſcience ſinguliere,
quelques-uns en attribueront l'accom-
pliſſement à l'effet du hazard ; mais l'expérience parle contr'eux, & les exemples ſont trop fréquens & trop unifor-
mes pour ne pas avoir de principe fondé dans la machine de l'homme. D'autres Médecins plus raiſonnables & moins
préſomptueux que les premiers avouent
naturellement que ces prédictions leur
paroiſſent des myſtéres qui paſſent les
bornes de la raiſon humaine. D'autres
encore, croyant en impoſer par un ai
myſtérieux, cherchent à ſe ſauver par
l'éloge pompeux des vertus cachées de
l'Ame. Mais tous ces raiſonnemens ſont
peu ſatisfaiſans pour ceux qui cherchent
à approfondir les cauſes des effets naturels.

Malgré l'obſcurité qui enveloppe ces
prédictions mortuaires, je crois en avoir
découvert les vrais reſſorts & la manie-

re dont-ils agiſſent. J'expliquerai ici en
peu de mots ce que je penſe à cet égard,
& , ſi je me ſuis trompé dans mon idée,
elle ſervira du moins pour exciter les
Philoſophes de nos jours à lui en ſubſti-
tuer une autre qui ſoit plus raiſonnable,
pour développer un myſtére ſi ſingulier,
& qui nous regarde de ſi près.

Il faut avant tout ſortir du préjugé
qui nous fait concevoir l'Ame comme
ne faiſant jamais aucun acte ſans s'en
appercevoir elle-même. Il eſt au contraire certain , que l'Ame meſure , cal-
cule, compare , &c. ſans que nous nous
en appercevions. Pour m'expliquer plus
clairement , je citerai le ſens de l'Ouie.
Nous admirons la varieté dans l'harmonie d'un morceau de Muſique , & nous
en ſentons effectivement la beauté ; mais
il eſt certain que l'Ame ne ſçauroit diſ-
tinguer les tons d'entr'eux , que par le
nombre des vibrations de chacun , & le
célébre M. *Leibnits* a eu raiſon de définir la Muſique par une *Pratique imper-
ceptible de l'Arithmétique, où l'Ame ſup-
pute ſans s'en appercevoir.* Il en eſt de
même à l'égard de la Vuë, lorſque nous
contemplons, par exemple, la régula-
rité & la ſymmétrie dans un morceau

d'Architecture. Pourquoi ne voudrions-
nous pas admettre la même chofe touchant les autres fenfations & principalement le Tact ? Or il ne m'en faut pas
davantage pour prouver la poffibilité
qu'un homme mourant du poûmon
prédife l'heure de fa mort. Tout le monde fçait , que vers la fin de cette ma-
ladie les forces diminuent fucceffivement & par degrés , & que leur ceffation entiere amene à la fin la mort. Or
cette diminution fucceffive de forces fe
fait fans contredit dans une certaine progreffion déterminée. L'Ame doit donc
néceffairement fentir la gradation de
cette progreffion, de même qu'elle com-
prend celle des tons dans la Mufique ,
& elle en prévoit les limites avec autant de jufteffe qu'un Arithméticien détermine le dernier nombre d'une progreffion déclinante, dont les premiers
membres font connus. Or l'Ame fça-
chant l'inftant de la ceffation des forces
néceffaires à la vie , elle en prévoit en
même-temps la fin : la crainte de la
mort en rend l'idée vive, & par-là même diftincte au point que le malade
eft en état d'en prédire le moment fa-
tal.

Si ces prédictions n'ont pas lieu dans bien d'autres maladies, c'eſt qu'elles ſont ordinairement accompagnées de délire, ou les révolutions qui tendent à la déſtruction du corps & ſe ſuccedent d'une maniere ſi irréguliere qu'elles n'admettent aucune progreſſion conſtante ; ou ſi elle ſe trouve, cette progreſſion, elle eſt ſi ſouvent interrompue & ſi cachée qu'il eſt très-difficile d'en découvrir l'expoſant pour la meſurer.

Les prédictions qu'on pourroit faire touchant un Tremblement univerſel de la Terre ſont de cette derniere eſpece ; c'eſt pourquoi il eſt bien difficile qu'un Naturaliſte devienne Prophéte véridique pour ces ſortes d'événemens : car ou les révolutions qui ſe font dans l'intérieur de la Terre ne ſuivent aucune progreſſion déterminée, ou quand même on voudroit en ſuppoſer une à cauſe du bel ordre établi généralement dans tous les effets naturels ; il faut convenir que cette progreſſion eſt ſi cachée qu'il ſera très - difficile d'en approfondir la gradation, du moins juſqu'à préſent où nous connoiſſons trop peu de l'antécédent pour pouvoir conclure au conſequent.

Pour se convaincre de la réalité de ces difficultés, on n'a qu'à jetter un coup d'œil sur la progression que font les *Onces des Dignités* dans la *Régle Newtonienne*, comme.

$$1 + 1$$
$$1 + 2 + 1$$
$$1 + 3 + 3 + 1$$
$$1 + 4 + 6 + 4 + 1$$
$$1 + 5 + 10 + 10 + 5 + 1$$
$$1 + 6 + 15 + 20 + 15 + 6 + 1$$
$$1 + 7 + 21 + 35 + 35 + 21 + 7 + 1 \&c$$

Diroit-on que ces chiffres, qui paroissent se suivre assez confusément, renferment néanmoins un ordre si parfait, que les antécédens déterminent les conséquens jusqu'à l'infini ? Pourquoi ne voudrions -- nous pas admettre des Progressions de cette espece ou d'une autre dans les Oeuvres de la Nature, pendant que nous y découvrons à chaque pas tant d'autres Proportions Arithmétiques, Géométriques, Harmoniques de toute espece ? En auroit-on jamais soupçonné jusques dans les Orbites & dans le mouvement des Planettes, avant que le grand *Kepler* eut dé-

couvert que les quarrés de leurs temps;
périodiques ſont comme les cubes de
leurs diſtances ? L'heureuſe union des
Mathématiques avec la Phyſique nous
révélera certainement un jour quantité
d'autres myſtéres du Macrocoſme auſſi
bien que du Microcoſme, cachés juſqu'à préſent à nos yeux ſous le voile des
préjugés & de l'ignorance. C'eſt un
bonheur reſervé à la Poſtérité, mais
dont les Philoſophes de nos jours doivent jetter les fondemens.

***

CHAPITRE XXVIII.

Que la Terre a déjà éprouvé un
Tremblement Univerſel qui l'a
renverſée de fond en comble.

J'Ai déjà prévenu mon Lecteur que
je ſerois fâché de prognoſtiquer rien
de funeſte à notre Globe, & je ne ſuis
pas de ces Philoſophes de mauvaiſe humeur qui ſe plaiſent dans les malheurs,
juſqu'à les ſouhaiter à la Terre qui nous
porte. D'ailleurs le plan de mon Ou-

vrage n'est pas de déviner des événemens futurs , trop heureux si je pouvois rapporter avec certitude les causes de ceux qui sont passés. Ainsi , sans
parler davantage d'un Tremblement
Universel, dont la Terre pourroit être
menacée pour l'avenir , je me contenterai de dire qu'il me paroît très-vraisem-
blable , qu'elle en a essuyé anciennement un des plus terribles, qui l'a bouleversée de fond en comble. J'avoue
volontiers que je ne sçaurois bien rendre raison de la persuasion intime qui
s'est emparée de mon esprit au sujet
d'un pareil événement ; mais il est certain qu'on auroit de la peine à me convaincre du contraire. Je ne sçaurois en
effet m'imaginer que la Terre ait été
créé dans l'état où elle se trouve actuellement. Nous ne connoissons d'autre Révolution générale qui lui soit arrivée que le Déluge Universel , & il est
impossible que ce seul accident puisse
l'avoir mise dans l'état ou nous la voyons.
Il est au contraire très-aisé de le comprendre , cet état ou elle est , si l'on
suppose qu'elle ait subi un Tremblement général accompagné des suites ordinaires de ces funestes accidens.

Pour nous convaincre de la vérité du fait nous n'avons qu'à confidérer l'état actuel du Globe Terreftre ; & nous le trouverons parfemé de Rochers immenfes brifés en mille endroits & remplis de crévaffes affreufes , tant au‑deffus qu'en deffous de la furface Terreftre , autant qu'on a pu y pénétrer. Nous verrons fur les fommets des plur hautes Montagnes des maffes de pierre de plufieurs quintaux, qu'on trouve de même remplies d'anciennes crevaffes lorfqu'ou les brife par morceaux. En un mot : la Terre étant examinée de près reffemblera à une ancienne Ruine plutôt qu'à un Palais régulier & moderne. Dieu chérit l'ordre dans fes Ouvrages , ce qui fe manifefte par la confidération des Plantes & des Animaux : d'où viennent donc ces défordres affreux fur la furface & dans les entrailles de la Terre ? On fera prompt à me repondre que ce font des effets du Déluge. Mais cette inondation comment a‑t‑elle pu fendre des Rochers , brifer des Pierres , & tranfporter des fardeaux énormes jufqu'aux fommets des plus hautes Montagnes ?

Un habile Mineur, à qui j'avois communiqué mes doutes fur cette matiere les a trouvé fondés dans l'expérience, & je rapporterai ici le précis de ſes Remarques à cet égard. „ En faiſant „ réfléxion, dit-il, ſur le nombre pro- „ digieux de Pétrifications inconnues, „ de Coquillages, de Poiſſons, d'Oſſe- „ mens & de dents énormes, & ſur- „ tout des dernieres, dont j'ai vu quel- „ ques-unes à *Stutgard* de trois aunes „ de long formées en demi-lunes & „ toutes différentes de celles de l'Ele- „ phan ; je ſuis de plus en plus con- „ firmé dans l'idée que ces reliques d'A- „ nimaux inconnus ne viennent pas du „ Déluge *Moſaïque*, qui ſelon moi doit „ avoir été précédé d'une autre Inon- „ dation qui a détruit la Terre avec „ tous ſes Habitans. Qu'on conſidére le „ Globe Terreſtre dans ſes quatre par- „ ties, & partout où l'on mettra le pied „ on ne trouvera autre choſe que de la „ pierre briſée. Si la vue ne ſuffit pas „ pour s'en convaincre, on n'a qu'à met- „ tre de la terre entre les dents & on „ le ſentira. Je l'ai trouvé de même à „ la terre de *Lemnos*, à celle d'*Ara-* „ *bie*, & à d'autres terres ſigillées, à „ l'Argille, &c. Qu'on examine ce li- „ mon tendre qui ſe forme des Pierres

„ précieuſes & même du Diamant lorſ-
„ qu'on les mange avec de l'Eſmeril,
„ & l'on verra que les pierres ſe chan-
„ gent beaucoup plus aiſément en terre,
„ que celle-ci ne ſe change en pierre. Il
„ me paroît aſſez viſible, que les Ro-
„ chers les plus durs ont été briſés &,
„ pour ainſi dire, pulvériſés, & nous en
„ voyons une preuve manifeſte à la ſur-
„ face pierreuſe de notre Globe, & à
„ ſa conſtitution intérieure autant que
„ nous pouvons y pénétrer. Les mor-
„ ceaux immenſes de Roc, dont il y en
„ a de pluſieurs centaines de Quintaux,
„ & tous les Cailloux ne ſont que des
„ débris des Rochers : car de nous dire
„ qu'ils ont été crées en cet état, ce ſe-
„ roit autant que de vouloir ſoûtenir
„ que les écailles de pots caſſés qu'on
„ trouve derriere la maiſon d'un Potier,
„ ont-été faites exprès telles qu'elles ſont
„ par la main de l'Ouvrier. Quant à
„ ceux qui prétendent dériver tous ces
„ effets du Déluge Univerſel, je vou-
„ drois en premier lieu qu'on m'expli-
„ quât comment il eſt poſſible que l'eau
„ faſſe des efforts auſſi violens ? En ſe-
„ cond lieu on découvre dans l'intérieur
„ de la Terre des veſtiges de plus d'une

» Révolution, qui ont exigé des forces
» infiniment au‑dessus de celles dont
» l'eau est capable. Dans le Comté de
» *Mansfeld*, dans le Pays de *Hesse*, &
» partout ailleurs où j'ai visité les cou-
» ches d'Ardoise, on est obligé à cha-
» que chûte ou inclinaison du conduit,
» de briser à travers le Roc & la Terre
» pour rattraper la veine, & l'on est en
» état de prouver par‑là même trois Ré-
» volutions successives & terribles qui
» doivent être arrivées à notre Globe.
» A environ six brasses au‑dessous des
» Ardoises on voit plusieurs lits de pier-
» res couchés les uns sur les autres.
» Parmi ces pierres qui se sont conso-
» lidées, il y en a de blanches, de noi-
» res, de rouges, de jaunes, de brunes,
» &c. de transparentes & d'opaques,
» d'autres parsemées de veines de toute
» sorte de couleurs. Elles sont plus ou
» moins émoussées aux coins selon le
» différent degré de leur dureté, & il
» s'en trouve depuis la grosseur d'un
» grain de sable jusqu'à celle d'un œuf
» de poule. En les contemplant cha-
» cune en particulier, il est visible qu'el-
» les sont toutes des éclats d'un Tout
» brisé par morceaux. La masse qui les
tient

„ tient enſemble ſe diſſout à l'air par la
„ longueur du temps & laiſſe tomber
„ les pierres qui demeurent invariables
„ à cauſe de leur dureté. Ces lits de
„ pierres, tels, par exemple, qu'on les
„ voit depuis *Mansfeld* juſqu'à *Wieder-*
„ *ſtedt*, & à côté d'autres pareilles Mi-
„ nes, s'étendent à plus d'une lieuë de
„ long en différentes directions ; & il eſt
„ viſible que les grandes inondations
„ doivent avoir contribué a les former.
„ Les couches ſe ſuccédent auſſi dans
„ l'ordre naturel, & deviennent de plus
„ en plus legeres en remontant juſqu'à
„ l'Ardoiſe. Celle, qui la touche immé-
„ diatement eſt blanchâtre, au lieu que
„ celles qui font au-deſſous tirent vers
„ le rouge. Il eſt contre toute vraiſem-
„ blance, qu'une ſeule inondation puiſ-
„ ſe avoir accumulé tant de lits de pier-
„ res, & rangé par-deſſus la couche
„ d'Ardoiſe avec la pierre qui la couvre,
„ & enſuite tant d'autres lits de cenlres,
„ de pierre, de ſable, d'argille, de
„ terre, &c. qui tous enſemble font une
„ profondeur de pluſieurs centaines d'au-
„ nes. Mais en ſuppöſant pour un in-
„ ſtant, qu'une pareille diſpoſition de la
› croûte Terreſtre puiſſe avoir été cau-

K

» fée par un feul Déluge, il faut du
» moins convenir qu'il mérite à jufte
» titre le nom d'un bouleverfement gé-
» néral de notre Globe, que nous ap-
» pellerons ici fa *premiere Révolution.*

    » Les bancs ou lits de terre, ou de
» femblables matieres ; formés par des
» inondations ne peuvent pas beaucoup
» s'écarter de l'horifon. Nous voyons
» au contraire, tant fur la furface de la
» Terre que dans les Mines, que ces
» mêmes couches, ardoifes & lits de
» pierre, dont je viens de parler, s'in-
» clinent fouvent au point qu'ils de-
» viennent perpendicula res. Ils font ou-
» tre cela brifés & déchirés dans une
» infinité d'endroits, & à peine trou-
» ve-t on une ardoife d'un pied en quar-
» ré fans félure ou crevaffe. Prefque
» toutes ces fractures fe font rebou-
» chées au-deffus de l'Ardoife d'une ef-
» pece de *Spath* ferrugineux , de fables
» & d'autres pareilles matieres. Dans
» l'Ardoife même ce *Spath* eft fouvent
» entremêlé de Marcaffites de Cuivre,
» de Cobalt & d'autres Minéraux. Cette
» chûte des couches s'eft fouvent éten-
» duë jufqu'à la furface de la Terre &
» y a formé de nouvelles Montagnes ;

» ce qui eſt évident par l'uniformité
» continuelle qui regne entre les direc-
» tions, les chûtes & d'autres variations
» des veines d'Ardoiſes & celles des
» Montagnes circonvoiſines. Or ces
» chûtes & ces fractures n'ont pu arri-
» ver que dequis que toute la croûte
» Terreſtre a été conſolidée, & qu'elle
» a formé une maſſe entiere. La preu-
» ve en eſt évidente. Lorſque la ma-
» tiere pierreuſe, qui a rebouché une
» crévaſſe dans un des lits de pierre,
» s'eſt amollie au grand air, au point
» qu'on peut l'en tirer, cette matiere,
» en la gratant avec un inſtrument con-
» venable, on trouvera que les pierres
» de toute ſorte de couleur, en les exa-
» minant ſelon la direction de la fente
» du lit, répondent auſſi parfaitement
» les unes aux autres que les morceaux
» de la farce d'un boudin qu'on coupe
» en deux. Il eſt certain que cette pré-
» ciſion ne ſçauroit avoir lieu, ſi ces
» amas de pierres entaſſées par *l'Alluvion*
» continuelle des eaux, qui en ſont tou-
» jours chargées, ne s'étoit conſolidé,
» comme le fait la maſſe de la farce
» par la cuiſſon. C'eſt ainſi que je crois
» avoir prouvé une autre Révolution

» arrivée au Globe Terreſtre, & que
» je crois la *ſeconde* dans l'ordre.

» La *troiſiéme* n'eſt pas moins évi-
» dente. Il eſt impoſſible, qu'une pier-
» re ſe forme ou prenne accroiſſement
» ſans eau & en plein air Cependant
» nous rencontrons à chaque pas, tant
» ſur la ſurface de la Terre que dans
» l'intérieur des Mines, de nouvelles
» crevaſſes rebouchées d'une troiſiéme
» matiere, qu'on pourroit appeller un
» Cartilage oſſeux, par conſequent il
» faut qu'il y ait eu une troiſiéme Révo-
» lution, qui ait encore déchiré ces
» Rochers, & qui en formant de nou-
» veaux Vallons ait r'ouvert les ancien-
» nes playes de la Croûte Terreſtre.

» Il eſt donc évident, que la ſurface
» entiere de notre Globe, ſans en ex-
» cepter la moindre parcelle, rend des
» témoignages convaincans de pluſieurs
» Révolutions ſucceſſives ; & le degré
» d'évidence augmentera, ſi l'on en exa-
» mine la ſtructure intérieure. D'un au-
» tre côté il eſt certain, que nous n'a-
» vons de Relation aſſurée que d'une
» ſeule Revolution, qui eſt le Déluge
» univerſel ; d'où je crois devoir conclure, ou que du temps des autres la

„ Terre n'étoit pas encore habitée par
„ des Créatures raiſonnables, & capa-
„ bles d'en rendre témoignage, ou qu'-
„ ayant été exterminées avec le reſte des
„ animaux, elles n'ont pu laiſſer que
„ leurs os pour ſervir de monumens de
„ leur exiſtence.

CHAPITRE XXIX.

Origine de l'état préſent de notre Globe.

IL s'agit maintenant de faire voir qu'il n'y a rien de ſi aiſé que de concevoir l'état actuel de notre Globe, tel que nous venons de le dépeindre, en ſuppoſant qu'il ait été occaſionné par un Tremblement de Terre univerſel. Tout le monde ſçait, que ces ſortes d'accidens ſont capables de fendre les plus gros Rochers, & l'on a ſouvent vu le *Veſuve* jetter des maſſes de pierre de pluſieurs quintaux à des diſtances très-conſidérables. Voudroit-on après cela s'étonner de trouver des pierres d'une grosseur énorme sur les sommets des Montagnes ? Deplus un Tremblement de Terre universel suppose un embrasement général de notre Globe, qui par conséquent doit avoir considérablement échauffé les Rochers & les pierres de toute espece, & d'où viennent les fractures & crevasses que nous leur trouvons aujourd'hui. En suppofant encore, que les eaux soûterraines se soient écoulées par-dessus ces Rochers presque rougis au feu, nous comprendrons plus aisément l'origine de cette infinité de fentes, la formation de tant d'éclats & de tant de pierres de moindre grosseur, & même du sable, qui sont autant de restes de Rochers brisés ou réduits en poussiere. Nous ne sçaurions douter que du temps de cet embrasement universel il n'y eut déjà quantité d'eau sur la Terre, & nous en voyons une preuve évidente dans les Poissons pétrifiés entre les Ardoises. Il est impossible, que ces animaux puissent avoir vécu dans les pierres, & il faut que toute la couche d'Ardoise ait été de l'eau, qui s'étant évaporée a laissé les Poissons dans le limon, dont l'Ardoise s'est formée. Ces pauvres animaux ont

été sans contredit cuits tous vivans, &
c'est pourquoi on les trouve ordinairement courbés & dans la situation que le
Poisson prend en mourant dans l'eau
bouillante ; & de plus leur chair est en-
trecoupée de ces mêmes quarrés en lozange qu'on voit sur celle d'un Poisson
cuit. D'ailleurs on voit sur la surface
de la Terre quantité de Rochers déchirés , dont tous les morceaux opposés
répondent parfaitement les uns aux autres, & la couleur noire, dont ils font
enduits , ne vient certainement que d'u-
ne fumée épaisse qui s'est élevée des entrailles de la Terre. Je m'en rapporte
à ce sujet à la Relation du Mont *Ararat*
tirée du *Voyage de M. de Tournefort* , &
citée ci-dessus : & je demande , après
tout ceci , si nous risquerions beaucoup
de nous écarter de la vraisemblance en
supposant avec *Descartes*, que la Terre
a été autrefois un Corps Céleste enflammé , & tel que nous concevons aujour-
d'hui les Comètes ?

K iiij

CHAPITRE XXX.

Le Feu Central de la Terre.

UNe pareille supposition favorise beaucoup le sentiment de ceux qui prétendent, qu'il y a une masse énorme de Feu, ou du moins une chaleur considérable concentrée dans le noyau de la Terre. Je ne sçaurois m'imaginer qu'il put y avoir une flamme effective, puisqu'elle ne pourroit pas y subsister long-temps sans le passage libre de l'air. Mais pourquoi voudrions - nous douter que la Terre puisse renfermer un degré considérable de chaleur, puisque nous en voyons la possibilité prouvée par l'exemple des Mines de Charbons de Terre ?

Le Révérend Pere *Castel* en fournit une preuve très - ingénieuse dans son *Traité de la Pesanteur*. Elle est tirée des Loix mêmes du mouvement. ,, Qu'on ,, s'imagine, dit-il, une petite Sphére ,, qui entoure le Centre de la Terre. ,, Elle sera comprimée par la croûte

» oppofée & épaiffe, & comme la réac-
» tion eft toujours égale à l'action, il
» faudra qu'elle preffe de même contre
» la croûte Terreftre ; ce qui ne fçau-
» roit fe faire fans qu'elle ait une ten-
» dance à fe dilater. Mais les forces op-
» pofées ne fe contrebalancent dans la
» preffion que quand les maffes font en
» raifon inverfe des viteffes : par confe-
» quent il faut que la viteffe avec la-
» quelle la Sphére centrale tend à fe di-
» later, foit à la viteffe avec laquelle la
» Terre la comprime, comme la maffe
» de la Terre à celle de la Sphére cen-
» trale. Comme la maffe de la Terre
» eft infiniment plus groffe que celle du
» Globe central ; il faut auffi, que la
» viteffe avec laquelle la matiere ren-
» fermée dans le centre tend à fe dila-
» ter, foit infiniment plus grande que
» celle de tous les corps Terreftres qui
» la comprime. Or une viteffe & ten-
» dance infinie à fe dilater doit nécef-
» fairement caufer une inflammation
» dans la matiere. » Mais, s'il m'eft permis de dire mon fentiment fur cette
derniere propofition, je n'en vois pas la
confequence : car quoique la chaleur
dilate le corps, il ne s'enfuit pas de-là

qu'un corps qui ſe dilate doive abſolu‑
ment être chaud, puiſqu'il faudroit en
ce cas que la chaleur fut reconnuë pour
la ſeule cauſe de l'Elaſticité; ce qui re‑
pugne à l'expérience. Nous voyons tous
les jours que l'Elaſticité de l'air, par
exemple, peut-être augmentée par la
compreſſion ſans chaleur, pour ne pas
dire, que dans l'hypothéſe du célébre
Auteur même, la matiere renfermée
dans le Centre de la Terre ne pourroit
pas ſe dilater effectivement, & n'auroit
tout au plus qu'une tendance à le faire.

Au reſte, quoique nous ne ſoyons
pas en état de démontrer géométrique‑
ment & *a priori*, comme diſent les
Philoſophes, l'exiſtence réelle du Feu
Central de notre Globe, il ſemble néan‑
moins que l'expérience nous en fournit
des preuves évidentes qui ne permettent
pas d'en douter. On n'a qu'à deſcendre
dans une Mine par le plus grand froid
de l'hyver: il eſt certain qu'on ne le ſen‑
tira point du tout, & l'on n'a jamais vu
les eaux ſoûterraines ſe changer en gla‑
ce. La chaleur augmente à meſure qu'on
deſcend plus avant vers le centre de la
Terre. Perſonne, je crois, ne voudra
en attribuer la cauſe aux rayons du So‑

leil qui ne sçauroient pénétrer si avant dans la croûte Terrestre, & qui naturellement devroient échauffer sa surface beaucoup plus que tout le reste. Il ne nous reste donc qu'à chercher l'origine de cette chaleur soûterraine dans le corps du Globe même, & pourquoi voudrions-nous douter qu'il puisse renfermer dans son centre un noyau doué d'un certain degré de chaleur ?

Un Globe aussi énorme que notre Terre étant une fois échauffé d'outre en outre, il lui faut un temps très-considérable pour se refroidir ; mais quelque long qu'on puisse le supposer il faut néanmoins que sa période finisse, & que pour y arriver la chaleur diminue successivement.

Ceci m'a souvent fait penser que la diminution de la chaleur soûterraine pourroit bien être cause que nos Etés commencent à se refroidir, & que le froid attaché autrefois au seul hyver, est devenu aujourd'hui commun à toutes les saisons. Nous sentons en effet depuis quelques années un changement considérable dans nos Climats ; & les Laboureurs mêmes nous assurent unanimement, que les bléds meurissent ordi-

nairement plus tard qu'autrefois. Le
Vulgaire allarmé s'étoit même imaginé
que la Terre avoit changé de pofition
à l'égard du Soleil ; mais il s'eft rafluré
fur la parole des Aftronomes qui ne
s'apperçoivent d'aucun changement ni
dans le mouvement régulier de notre
Globe, ni dans le diamétre apparent du
Soleil , ni ailleurs. Si donc la caufe de
ce changement ne dépend pas du Soleil , il faut néceflairement qu'elle fe
trouve dans la Terre même. C'eft bien
malgré moi fi je fais ici le Prophéte de
mauvais augure ; mais il y a lieu de
craindre que la furface de la Terre &
par conféquent fon Atmofphére ne fe
refroidiffent fucceflivement de plus en
plus , & la fuite que feroit-elle , finon
une ftérilité prefque entiere de notre
Globe ? & une intempérie infupporta-
ble de l'air , du moins dans nos Climats,
qui en feront d'autant plus à plaindre
que nous y brûlons actuellement plus
de bois par an, que nos Forêts n'en
fçauroient produire. Mais quittons ces
triftes idées qui ne ferviroient qu'à nous
glacer d'effroi , & retournons au feu qui
brûle dans les entrailles de la Terre.

Je crois avoir prouvé d'une maniere

aſſez convaincante la réalité d'un ancien Tremblement de Terre univerſel ; ou du moins j'en ai établi l'extrême probabilité. Cependant, autant que nous pouvons juger des effets d'un pareil accident, il ſemble qu'un ſeul ne ſuffit pas pour avoir mis notre Globe dans l'état où il ſe trouve actuellement, & il faut qu'outre l'Inondation générale , dont nous avons parlé ci deſſus, & le Tremblement univerſel que nous ſuppoſons , il lui ſoit arrivé une troiſiéme Révolution capitale qui ait ſuccedé aux deux autres. Nous l'apprenons d'une maniere viſible par l'élevation & la chûte des couches d'Ardoiſe qui ſe font ſouvent en ligne perpendiculaire , & par la ſituation des Poiſſons qui y ſont renfermés , & qui ſont toujours paralléles , non avec l'horiſon , mais avec les couches d'ardoiſe mêmes. Il eſt impoſſible qu'un ſeul Tremblement de Terre ou une ſeule Inondation générale ait pu produire cet effet ; & il faut que les Ardoiſes après avoir été formées ayent été dechirées de nouveau par des efforts très-violens , comme il eſt aiſé de conclure par ce qui a été dit ci-deſſus. Quels peuvent donc avoir été ces efforts capables de cauſer

un bouleverſement auſſi terrible ? Je n'en
vois d'autres , ni plus en état de le faire
qu'un Tremblement de Terre. Peut-
être a-t-il été univerſel , ou il y en a
eu pluſieurs particuliers arrivés dans différens temps , tantôt d'un côté , tantôt
de l'autre. Tout eſt incertain ici, & quoique le fait ſoit indubitale , nous man-
quons de preuves pour décider des circonſtances.

CHAPITRE XXXI.

Récapitulation.

EN récapitulant tout ce qui a été dit
juſqu'ici , il paroît évident , que le
Globe Terreſtre a ſubi trois Révolutions capitales , dont nous ne trouvons
aucune mention faite dans ſes Annales.
Ce ſont deux Tremblemens de Terre ,
& une Inondation. Nous ne ſçaurions
décider avec certitude , ſi cette derniè-
re , dont je crois avoir démontré la réalité , a été la même que le Déluge *Moſaïque* , ou ſi peut être elle eſt arrivée

bien long-temps auparavant? La croûte Terreſtre a été d'abord fluide par-tout le Globe. La rotation autour de l'Axe lui a donné enſuite la figure ſphéroidi- que; & les eaux étoient alors vraiſem- blablement remplies de Poiſſons. Un Tremblement de Terre ou plutôt une Conflagration générale de tout le Globe a ſuccedé à cette premiere Révolution. Les eaux ſe ſont évaporées, & les Poiſ- ſons ont été cuits & enterrés dans le limon, d'où s'eſt formée enſuite l'Ar- doiſe. Ce Tremblement a été ſuivi d'un autre, qui a déchiré les Ardoiſes, & fendu & briſé des Rochers entiers, dont une grande partie a été réduite en pouſ- ſiere, que nous appellons grains de ſa- ble. Perſonne, je crois, qui a lu avec attention ce qui a été expoſé dans le cours de cet Ouvrage, ne voudra nier ces trois Révolutions capitales arrivées à notre Terre; mais ce qu'il y a de fâ- cheux pour la préciſion hiſtorique, c'eſt que nous ne ſçaurions déterminer ni l'Epoque, ni l'ordre de ces faits quoi- que très-certains, & atteſtés par la Na- ture même.

Voilà tout ce que j'avois à dire tou- chant les Révolutions arrivées anciennement au Globe Terreſtre, dont je m'étois propoſé d'écrire l'Hiſtoire. J'ai expoſé mon ſentiment avec autant de clarté qu'il m'a été poſſible, & mes conjectures m'ont paru fondées ſur la raiſon & ſur l'expérience. J'oſe préſumer de la diſcrétion de mon Lecteur qu'il voudra bien me laiſſer dans la poſſeſſion tranquille de mes idées, d'autant plus que je n'exige de perſonne de ſe ſoûmettre à mon jugement, & qu'il m'importe très-peu comment chacun penſe à ce ſujet. Je plains d'avance les peines perduës de ceux qu'un zéle mal-entendu pour la cauſe commune de notre Syſtême Planétaire pourroit emporter au point de ſe croire obligés de combattre mes ſentimens, & je déclare que je ſuis l'homme du Globe Terreſtre le moins intereſſé à me mettre en fraix pour leur répondre. L'Hiſtoire Ancienne d'une Planette n'eſt pas ſelon moi un ſujet de controverſe; & le peu de temps que nous vivons ſur la nôtre eſt trop précieux, pour le prodiguer à nous quereller ſur des choſes qu'il eſt impoſſible de connoître avec une entiere certitude, & qui contribuent ſi peu à notre bonheur. Il me ſuffit d'avoir démontré trois

Révolutions capitales arrivées à notre Globe, & dont les Naturaliſtes n'avoient juſqu'à préſent fait aucune mention. Je crois même avoir entremêlé dans le cours de mon Ouvrage certains traits, quoique ſimplement ébauchés, dont d'autres plus habiles Ecrivains & moins occupés que moi pourront tirer parti, pour nous donner quelque choſe de plus parfait en ce genre. Si dans les travaux que nous ſommes obligés tous de faire pour le bien commun de la République des Lettres, il m'étoit permis de choiſir moi-même ma tâche, je m'attacherois principalement aux plans, dont je laiſſerois volontiers l'exécution à d'autres.

Je dois encore avant de finir mon Hiſtoire dire un mot de la rotation de la Terre autour de ſon Axe, que j'ai citée ci-deſſus comme la cauſe générale d'une Inondation. La plûpart des Phyſiciens gardent un profond ſilence ſur la véritable cauſe de ce mouvement diurne. Dans le Syſtême de *Deſcartes* la Terre eſt entourée d'un Tourbillon de matiere ſubtile ; mais il ſemble, ſelon l'idée de ce Philoſophe, que ce tourbillon eſt formé & produit par la rotation de la Terre, plutôt que de cauſer lui-même & de former un pareil mouvement. Mais ſuppoſons pour un inſtant, qu'on voulut expliquer le mouvement diurne de la Terre par l'action d'un tourbillon, quand même on voudroit le croire capable de la faire tourner autour de ſon Axe ; il s'agiroit d'abord de répondre à certaines queſtions que voici : d'où l'Ether a t-il reçu ce mouvement de rotation ? comment a-t-il pu le conſerver ? pourquoi ce mouvement ſe fait-il en ligne courbe plutôt qu'en ligne droite ?

Un Sçavant du premier ordre s'étoit imaginé, que le mouvement diurne de la Terre étoit l'effet du Flux & Reflux de la Mer. Cette Hypothéſe, quelque paradoxe qu'elle puiſſe paroître, eſt très-ingénieuſe & n'a d'autre défaut que celui de ne pas être conforme à la vérité. Son Auteur dérive avec les *Anglois* le Flux & Reflux de la Mer de l'attraction du Soleil & de la Lune. Or il eſt conſtant, que c'eſt principalement l'action de cette derniere qui influe ſur nos Océans ; c'eſt pourquoi nous n'aurons pas égard ici à l'action du Soleil qui y entre pour peu de choſe. L'attraction de la Lune eſt cauſe que les eaux, qui ſont directement au-deſſous d'elle, s'élevent; & c'eſt delà, dit notre Auteur, que la Terre devient plus peſante d'un côté que de l'autre, & qu'elle doit tourner ſur elle-même comme fait une boule qu'on charge de poids d'un ſeul côté. La preuve paroît évidente ; mais il eſt fâcheux qu'on ne puiſſe l'appliquer au mouvement diurne de la Terre. Tout le monde ſçait, que les Marées arrivent chez nos Antipodes dans le même temps que chez nous. C'eſt un fait avéré par l'expérience journaliere, & une ſuite naturelle de la Théorie du Flux & Reflux de M. *Newton.* Cela étant, la Terre deviendroit auſſi peſante d'un côté que de l'autre, & ſe trouveroit dans le cas d'une boule chargée de deux côtés de poids égaux, qui par conſequent loin de tourner ſur elle-même, reſteroit en repos & dans un parfait équilibre à cauſe de l'égalité des forces oppoſées. Mais quand même on ne voudroit pas faire attention à cette difficulté, il s'en trouve une autre qui paroît inſurmontable & qui rend cette belle hypothéſe de la derniere impoſſibilité. La peſanteur eſt une force, dont la direction ne fait pas l'angle droit avec le rayon ou demi-diamétre de la Terre : elle tend plutôt droit au centre ; & sa ligne de direction est partout paralléle avec le rayon. Cela étant, la rotation de la Terre autour de son centre ne peut jamais être occasionnée par l'élevation de ses eaux sous la Lune. Comment un Globe pourroit-il tourner, s'il étoit comprimé par une force dont la ligne de direction passât par son centre ? Il tournera au contraire, si l'on applique un poids à sa surface, parce que la ligne de direction du poids ne passe jamais par le centre du Globe excepté quand il se trouve dans son zenith, auquel cas le Globe n'aura aucun mouvement.

Il y a un troisiéme Argument qui combat cette nouvelle hypothése. L'attraction de la Lune est une force directement opposée à la pesanteur des corps Terrestres : par conséquent les eaux qui se trouvent sous la Lune deviennent plus legeres, & précisément d'autant qu'elles auroient pu rendre la Terre plus pesante d'un côté par l'augmentation de leur Volume. Tant il est vrai que les plus belles imaginations sont quelquefois fausses en fait de Physique ; & nous ne ſçaurions prendre trop de précaution lorſqu'il s'agit d'appliquer certains cas à d'autres qui nous paroiſſent ſemblables, tant que nous ne ſommes pas aſ-ſurés que toutes les circonſtances des uns ſe trouvent exactement les mêmes dans les autres.

Pour rendre raiſon de la rotation diur-ne de la Terre autour de ſon Axe, il ne faut autre choſe ſelon moi qu'une pre-miere impulſion reçuë, qui lui ait com-muniqué ce mouvement. Perſonne, je crois, de ceux qui reconnoiſſent la pro-duction de l'Univers par la main d'un Etre Tout-Puiſſant, ne voudroit dou-ter de la poſſibilité d'une pareille com-munication de mouvement; & il ne convient qu'à un Athée de concevoir le mouvement de la matiere comme né-ceſſaire & éternel. Suppoſons donc, qu'au commencement de toutes choſes, ou peut-être dans la ſuite des temps, le Globe Terreſtre ait reçu une impulſion à ſa ſurface; je dis qu'ayant une fois reçu ce premier mouvement, il doit le conſerver pour toute éternité ou du moins pour des temps infiniment longs. Sa rotation autour de l'Axe ne ceſſeroit jamais, s'il n'y avoit pas de matiere qui y resistât par son frottement. C'est un fait établi par la premiere loi du mouvement, en vertu de laquelle tout corps persiste dans le mouvement qui lui a été communiqué, tant qu'il n'y a point de force extérieure capable de le diminuer ou de le faire cesser tout-à-fait. Il s'ensuit par la même raison, que ce mouvement doit continuer pour des temps infinis, si la force qui lui résiste est infiniment petite en comparaison du corps qui tourne. Il est vrai que nous ne sçaurions assurer que la Terre ne frotte absolument contre aucun corps, en tournant autour de son Axe. Il est au contraire très vraisemblable que son Atmosphére frotte contre un certain air subtil ou *Ether*, & contre la matiere de la lumiere. Mais qui ne voit pas que le frottement contre une matiere subtile est très-peu de chose, surtout lorsqu'on fait attention à la force du mouvement que doit avoir un corps tel que le Globle Terrestre, (dont la solidité est de 2652560000 lieuës cubiques,) pour tourner autour de son Axe dans vingt-quatre heures? Il faut avouer qu'en pareil cas la résistance se réduit a peu de chose, & ne sçauroit presque entrer en compte pour diminuer le mouvement. Cependant s'il falloit abfolument en tirer quelque confequence, pour fatisfaire l'envie de prognoftiquer des chofes futures ; tout ce qui s'enfuivroit, feroit, qu'après plufieurs milliers d'années la rotation de la Terre autour de fon Axe fe feroit plus lentement qu'elle ne fe fait à préfent, & que par confequent le temps du jour & le temps de la nuit feroient plus longs , quoique le jour Aftronomique fût toujours de vingt-quatre heures. Le feul indice , par lequel on s'appercevroit d'un pareil changement, feroit que l'année auroit moins de jours. Mais en fuppofant que la Terre s'éloignât en même temps du Soleil en fe plongeant plus avant dans notre Syftême Solaire , il ne refteroit plus de marque d'aucun changement arrivé , finon au diamétre apparent du Soleil qui deviendroit plus petit , & les hommes vivroient moins d'années , quoiqu'ils vécuffent auffi long - temps qu'à préfent.

Au refte nous ne rifquons pas beaucoup en faifant ces fortes de prognoftics , & le peu de temps que nous demeurons fur la Terre nous met à couvert de la honte de les voir manquer. Le bénéfice du temps ſauve bien des Prédictions & bien des Relations Hiſtoriques, en fait de choſes naturelles, & quelque peu de vraiſemblance que puiſſent avoir les unes & les autres, on en eſt quitte pour dire, que les premieres ne s'accompliront qu'après un grand nombre de ſiécles, & que les dernieres ſont arrivées dans les temps les plus anciens.

Tel eſt l'avantage d'un Hiſtorien qui ne ſe charge vis-à-vis de ſon Lecteur que de lui raconter des événemens d'un long avenir, ou arrivés dans des temps immémorials. Il eſt à l'abri dés Anachroniſmes, & le plus rigoureux Chronologue ne ſçauroit le cenſurer, quand il en feroit de 1000 ans & davantage. Je dis plus : l'Hiſtoire du Globe Terreſtre eſt au-deſſus de la critique de tous les Chronologues & Hiſtoriens, qui n'exiſtoient pas encore dans le temps de ſes plus grands événemens. Il n'y a que les Naturaliſtes en état de diſputer la foi à mes Annales. Ce ſont les ſeuls Interprétes de l'Ecriture la plus ancienne qu'on appelle le Livre de la Nature ; & ce n'eſt que de leurs Archives

que

que pourroient ſortir des preuves plus
authentiques, des faits rapportés par
moi ou d'autres encore plus anciens,
qui m'ont échapé. Les Supplémens qu'ils
voudront bien daigner ajouter à mon
Ouvrage, feront toujours reçus à bras
ouverts par tous ceux qui s'intéreſſent
pour la vénérable Antiquîté. Mais quel
eſt l'homme qui ne la reſpecte point?
Avouons notre foible: la vénération
que nous lui portons, ſemble être née
avec nous, & paſſe en bien des occa-
ſions les bornes de la raiſon humaine.
Ne ſçavous-nous pas, que les *Chinois*,
d'ailleurs ſi ſenſés & ſi éclairés dans
toute ſorte de Sçiences, reſpectent un
certain Livre, & l'adorent preſque comme Divin? Il n'a pourtant d'autre mérite que d'être très ancien, & ne contient d'un bout à l'autre que des traits
de lignes, qui, ſelon M. *de Leibnitz*, ſignifient des nombres. Ne voyons-nous
pas tous les jours des gens ſans aucun
mérite ſe vanter hautement de l'ancien-
neté de leur Race? Et ne le font-ils pas,
parce qu'ils ſuppoſent comme démontré que tout ce qui eſt ancien doit être
excellent? N'admirons nous pas volontiers dans un ancien Auteur les pen-

L

ſées que nous ſifflons ſans pitié dans un Auteur moderne ? Ne reſpectons-nous pas dans les vieux Poëmes les Divinités Payennes, & les avantures groteſques qui nous paroiſſent riſibles dans l'Hiſtoire de *Dom Quichotte* ? Ne croyons-nous pas qu'un Syſtême de Morale ne ſçauroit être dignement traité, s'il n'étoit pas entrelardé de Sentences de *Socrate* & de *Seneque* ? N'avons-nous pas ſouvent de la vénération pour un vieux habit ou un vieux meuble, quoique rongé de vers, parce qu'il vient de nos Ancêtres ? Ne pourrois-je pas me flater auſſi, que mon Ouvrage ſera lu & reſpecté au delà de tout ce qui compoſe nos Bibliothéques ; & qu'à la faveur de ſon antique ſujet, on me paſſera volontiers les défauts qui pourront ſe trouver dans ſon exécution ? En effet les Antiquités humaines & litteraires ſont des choſes très modernes en comparaiſon de celles du Globe Terreſtre ; & ſi les premieres ont un ſi grand prix, celles-ci doivent être ineſtimables.

RELATION

RELATION

CHRONOLOGIQUE

ET

HISTORIQUE

DES PLUS REMARQUABLES

TREMBLEMENS DE TERRE,

Arrivés sur notre Globe depuis le commencement de l'Ere Chretienne jusqu'à l'Année MDCCL.

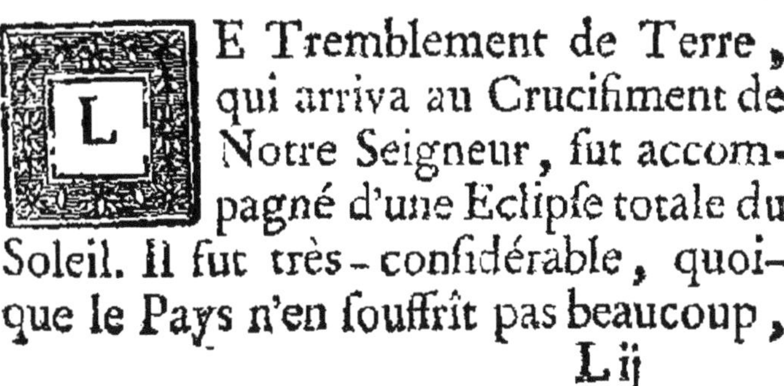

L E Tremblement de Terre, qui arriva au Crucifiment de Notre Seigneur, fut accompagné d'une Eclipse totale du Soleil. Il fut très-confidérable, quoique le Pays n'en fouffrît pas beaucoup,

ſelon le rapport des Evangeliſtes. *S.*
Matthieu dit (*a*) : » En même-temps
» le voile du Temple ſe déchira en deux
» depuis le haut juſqu'en bas : la Terre
» trembla : les pierres ſe fendirent : les
» Sépulchres s'ouvrirent ; & pluſieurs
» corps des Saints , qui étoient dans le
» ſommeil de la mort, reſſuſciterent. »
Et *S. Luc* ajoûte (*b*) : » Il étoit envi-
» ron la ſixiéme heure du jour, & tou-
» te la terre fut couverte de ténébres
» juſqu'à la neuviéme heure. Le Soleil
» fut obſcurci, & le voile du Temple
» fut déchiné par le milieu. »

 Pline, l'Ancien, qui vivoit du temps
de l'Empereur *Veſpaſien*, & de ſon fils
Titus, nous a laiſſé ſon *Hiſtoire Natu-*
relle, où il parle entr'autres des Tremblemens de Terre. Une curioſité mal
placée le porta à examiner ceux qui
étoient ſouvent cauſés par les vomiſſe-
mens du Mont *Veſuve* : il en approcha
de trop près, & périt miſérablement
dans les flammes, l'an de N. S. 79. (*c*).

(*a*) Chap. XXVII. v. 51.
(*b*) Chap. XXIII. v. 44.
  (*c*) *Plinii Junioris, Epiſt.* Liv. 3. Ep. 5.
& Liv. 6. Ep. 16.

En 107 quatre Villes en *Asie*, deux en *Gréce*, & trois en *Galathie*, furent bouleversées par un Tremblement de Terre (*a*).

En 115 l'Empereur *Trajan* étant en quartier d'hyver à *Antioche*, la Ville fut renversée par un Tremblement de Terre ; *Pedon*, Conful alors, y périt, & *Trajan* se fauva par une fenétre (*b*).

(*a*) *Funccii Chronologia.* fol. 95.

(*b*) *Isaacfon Chronologia.* fol. 193, & les Auteurs *Anglois* de l'*Hiftoire Univerfelle*, donnent la Relation fuivante de ce trifte accident, dans le *Vol.* XV. *pag.* 138. L'Empereur *Trajan* étant alors à *Antioche*, la Ville étoit remplie de Troupes, & les Etrangers y abondoient de toutes parts, enforte qu'il n'y eut prefqu'aucune Nation ni Province, qui ne participât à ce défaftre ; & *Dion* dit fort bien, que tout l'Empire *Romain* fouffrît alors dans une même Ville. Le Tremblement fut précédé de grands coups de tonnerre, de vents extraordinaires, & de bruits foûterrains. La fecouffe fut fi vive, que la Terre trembloit de tous côtés : plufieurs maifons tomberent, & d'autres furent balancées à droite & à gauche comme un Vaiffeau l'eft par les flots de la Mer. Le craquement des charpentes, qui fe caffoient, la chûte des bâtimens & les bruits affreux qu'on entendoit fans ceffe fous terre, dominoient fur les

Funccius rapporte, qu'en 243 il y

---

cris & les lamentations du pauvre Peuple.
Presque tous ceux qui étoient dans leurs
maisons furent enterrés sous les ruines , &
la violence des secousses jetta ceux qui étoient
dans les ruës les uns contre les autres , &
contre les murs : Quelques-uns en mouru-
rent , & d'autres furent dangereusement
blessés. Le Tremblement continua par intervalles pendant plusieurs jours & plusieurs
nuits , & coûta la vie à quantité de monde, entr'autres au Consul M. *Pedon Virgilia-
nus* , & à plusieurs autres personnes de la
premiere distinction. La secousse la plus violente arriva le *Dimanche* , 23 *Décembre* ; l'Empereur pensa y périr lui-même ; mais il se
sauva par la fenêtre de la maison où il étoit.
Dion ajoute, que le Mont *Lisou* qui étoit
proche *Antioche* , pencha par le sommet, &
menaça de tomber sur la Ville ; d'autres
Montagnes furent renversées en effet. On
vit paroître de nouvelles Rivieres , & les
anciennes disparurent. Le Tremblement ayant
cessé , on entendit la voix d'une femme qui
crioit sous les ruines : on vint à son se-
cours, & on la trouva avec son enfant dans
les bras ; elle s'étoit nourrie aussi-bien que
son enfant avec le lait de son sein. On
fouilla de même les autres ruines, mais on
ne trouva personne en vie , à l'exception
d'un enfant qui tettoit encore au sein de sa
mere morte. Plusieurs Auteurs font mention
de ce Tremblement de Terre , & le rap-

eut un Tremblement de Terre, qui abîma plufieurs Villes, & en enterra les habitans dans les ruines (*a*).

En 358 la Ville de *Nicomedie* en *Bithynie* fut bouleverfée par un Tremblement de Terre (*b*).

En 363 lorfque *Julien* entreprit de rebâtir le Temple de *Jerufalem*, il fortit tout d'un coup des globes terribles de feu de l'endroit où l'on avoit jetté les fondemens : ils confumerent les Ouvriers, & rendirent la place inacceffible (*c*).

Il arriva dans la même année à Jerufalem un Tremblement de Terre, qui rafa les fondemens du premier Temple, & renverfa plufieurs bâtimens publics, fous les ruines defquels plufieurs Juifs furent enterrés (*d*). On en fentit un autre à *Conftantinople*, qui, quoiqu'il ne

---

portent comme une des plus grandes calamités connuës dans l'Hiftoire.

(*a*) *Chronol.* fol. 103. A.

(*b*) *Ammiani Marcellini. Hiftor.* Liv. 17. p. 97.

(*c*) *Ammiani Marcell.* L. 23. *Nicephori Callifti Hiftor.* Liv. X. Ch. 33.

(*d*) Voyez la *Continuation de l'Hiftoire Romaine d'Eccard*, par *Scot.* Vol. III. pag. 77.

fut pas fi violent que celui de *Jerufalem*, endommagea une grande partie
de la Ville (*a*).

En 369 fous le Regne de *Valenti-
nien*, il y eut un Tremblement univerfel fur toute la Terre, & la Mer s'éleva
fi prodigieufement, qu'elle paffa fes bornes en plufieurs endroits, & emporta un
grand nombre de Villes (*b*).,

En 370 la Ville de *Nice* fut bouleverfée & comblée par un Tremblement
de Terre (*c*).

En 377 on fentit un Tremblement
de Terre, qui affecta prefque tout le
Globe (*d*).

En 400 il y eut cinq Tremblemens
de Terre, pendant lefquels le Ciel paroiffoit enflammé (*e*).

En 434 la Ville de *Conftantinople*

(*a*) *Ammian. Marcell.* Liv. XXIII. *Nicephori Callifti Ecclefiaftica Hiftor.* Liv. X. Ch.
33. pag. 76. *Continuation d'Eccard*, par Scot.
Vol. II. pag. 77.

(*b*) *Higdeni Polychronicon.* fol. 175. Chro-
nique de Stovv. pag. 46.

(*c*) *Chronique de Stovv.* pag. 46.

(*d*) *Alftedii Thefaurus Chronologicus.* pag.
504.

(*e*) *Funccii Chronologia.* fol. 111. B.

fut secouée par un terrible Tremblement de Terre, qui dura près de quatre mois (*a*).

Gesselius en rapporte un autre arrivé
en 446, & qui continua pendant six mois
dans toutes les Provinces soûmises aux
Romains. Les Villes de *Constantinople ,*
d'*Alexandrie* & d'*Antioche* y souffrirent
considérablement ; & le Tremblement
se fit sentir par terre aussi bien que par
Mer (*b*).

En 458 il y eut un grand Tremblement de Terre à *Antioche* , en *Thrace ,*
à l'*Hellespont* , en *Ionie* , & dans les Isles
des *Cyclades* (*c*).

En 472 le Mont *Vésuve* vomit
beaucoup de flammes pendant un grand
Tremblement de Terre , & jetta des

(*a*) *Fasciculus Temporum.* fol. 51.
(*b*) A. C. 446 Immanis per universum
fere Romanum orbem sex menses Terræ motus , quo concutiuntur Constantinopolis ,
Alexandria, Antiochia, nec terra tantum ,
sed & mari. *Gesselii Histor. Sacra & Ecole-
siastica.* Tom. I. pag. 615.
(*c*) *Isaacson Chronologie* d'après *Evagrius* &
Nicephore , pag. 231. Voyez aussi *Nicephori
Hist. Ecclesiastica.* Liv. XV. Ch. 20. pag.
618.

L v

cendres à plusieurs lieuës (*a*).

En 541 la moitié de la Ville de *Pompeiopolis* fut engloutie par un Tremblement de Terre (*b*).

En 544 il y eut un Tremblement de Terre universel (*c*).

En 557 on en sentit un très-considérable à *Constantinople* & à *Rome* (*d*).

(*a*) Le Mont *Vesuve* est à 6 milles à l'Est de la Ville de *Naples*. A un mille & demi de son sommet il est si couvert des cendres de la terre brûlée , & si escarpé , qu'il est presqu'impossible d'y monter. Il s'est fait de tout temps de grandes éruptions de flammes de l'ouverture de cette funeste Montagne. Elle brûla presque pendant un mois en *Avril* 1694. & elle jetta des matieres enflammées jusqu'à 30 milles à l'entour : Quantité de minéraux fondus & mêlés d'autres matieres s'en écoulerent comme l'eau d'une Riviere jusqu'à 3 milles , & emporterent tout ce qu'ils trouvoïent en chemin En 1707 pendant que les *Napolitains* se réjouissoient du succès des armes Impériales , ils furent interrompus par une éruption du Mont *Vesuve* , qui vomit une quantité si prodigieuse de cendres, qu'on ne voyoit pas le jour à midi. Ces éruptions sont ordinairement précédées de Tremblemens de Terre. *Salmon Hist. Moderne.*

(*b*) *Isaacson Chronologie.* pag. 243.

(*c*) *Funccii Chronologia.* fol. 118.

(*d*) *Isaacson Chronol.* pag. 245.

En 560 il y eut un grand Tremblement de Terre : la Ville de *Berytus* en fut bouleversée, & l'Isle de *Coos* fut terriblement secouée (*a*). *Nicephore*, parlant vraisemblablement de ce même accident, dit, que *Biblus* & *Tripolis* souffrirent beaucoup par un Tremblement de Terre (*b*).

En 581 qui fut la troisiéme année du Regne de *Tibere II*, il y en eut un terrible dans la Ville d'*Antioche*, dont les Bâtimens publics & la plus grande partie des autres édifices furent renversés jusqu'aux fondemens. La Ville de *Daphné* fut bouleversée par ce même accident (*c*).

En 612 il arriva dans le mois d'Août un Tremblement de Terre considérable

---

(*a*) Terræ motu Beryto civitas corruit, & Coi Insulæ concussæ. *Funccii Chronolog.* fol. 119. D.

(*b*) *Nicephori Callisti Hist. Ecclesiast.* L. 17. Ch. 22. pag. 769.

(*c*) *Nicephori Callisti Hist. Ecclesiast.* Liv. 18. Ch. 3. pag. 811. Il parle aussi d'un autre Tremblement de Terre, qui arriva bientôt après à *Antioche*. Liv. 18. Ch. 13. pag. 825.

en plusieurs endroits, qui fut suivi d'une peste violente (a).

En 742 il y eut un Tremblement de Terre universel en *Egypte* & dans les environs : quantité de Villes furent bouleversées; leurs habitans furent enterrés sous les ruines, & nombre de vaisseaux furent enlevés par les flots de la Mer. Les secousses se firent sentir dans tout l'Orient, & dans une seule nuit il y eut six cens Villes renversées, & une quantité innombrable d'hommes & de bestiaux tués ( ).

'En 746 il y eut un furieux Tremblement de Terre en *Palestine* & en *Syrie*. Il en coûta la vie à plusieurs milliers d'ames, & les Eglises & les Monastéres furent renversés (c).

En 860 un grand Tremblement de Terre fit périr 45000 personnes. Il y en eut aussi en *Perse*, à *Chorosan* & en *Syrie*; & l'on entendit des bruits ex-

---

(a) *Chronique de Stow.* pag. 56.

(b) *Voyages de Purchas.* pag. 1025, d'après l'Histoire des Sarasins.

'(c) *Gesselii Historia Sacra & Ecclesiast.* Tom. II. pag. 15.

traordinaires : plusieurs personnes y perdirent la vie (a).

En 867 on sentit des Tremblemens
de Terre ; les sources manquerent à la
Mecque, & l'on paya une bouteille d'eau
cent Stateres *. Plusieurs personnes périrent à *Antioche*, & 1500 Maisons
avec 90 Tours du rempart furent renversées. La plus grande partie des Habitans gagnerent les champs ; la Montagne d'*Acraus* tomba dans la Mer, &
laissa une fumée blanchâtre d'une puanteur insupportable (b).

* State-
re, selon
Budée,
étoit
une pié-
ce de
cuivre
qui va-
loit de
notre
monno e
environ
14 sols.

En 974. tout le Royaume d'*Angleterre* fut secoué d'un terrible Tremblement de Terre (c).

En 986. il y en eut un très-violent :
les Eglises & les murs de *Constantinople*
furent renversés, & les secousses se firent
sentir par toute la *Grèce* (d).

En 1021 la *Baviere* fut affligée d'un
grand Tremblement de Terre (e).

<hr>

(a) *Voyages de Purchas.* pag. 1031.
(b) Là-même.
(c) *Simeonis Dunelmensis Histor. de Rebus
gestis Anglorum. V. Historiæ Anglican. Scriptores X. par Twysden.* Col. 159.
(d) *Isaacson Chronologia.* pag. 301.
(e) *Nauclerı Chronographia.* Vol. II. p. 816.

En 1048 fous le Regne d'*Edouard le Confeffeur*, il y en eut un à *Worcefter*, à *Darby* & à plufieurs autres endroits de l'*Angleterre*. Il fut fuivi immédiatement d'une mortalité parmi les hommes & parmi les beftiaux, & de plufieurs autres accidens extraordinaires (*a*).

En 1076 la quinziéme année du Regne de *Guillaume le Conquérant*, le 6 *Avril*, il y eut en Angleterre un Tremblement de Terre violent, qui fecoua plufieurs endroits du Royaume (*b*).

En 1081 on fentit dans le même pays un Tremblement de Terre accompagné de bruits extraordinaires qui fortoient de fes entrailles (*c*).

En 1089 la deuxiéme année du Regne de *Guillaume le Roux*, tout le Royaume d'*Angleterre* fut affligé d'un Trem-

____

(*a*) *Simeon. Dunelmens. Hiftor.* Col. 138. *Chronicon Johannis Bromton.* v. X. *Scriptores.* Col. 939.

(*b*) *Hiftoire de la Grande Bretagne*, de *Spud.* pag. 421.

(*c*) A. D. 1081. *Factus eft Terræ motus magnus ; cum gravi mugitu, primâ noctis horâ fexto Kalend. Aprilis. Matth. Paris. Hift. Angl.* pag. 14. *Flores Hift. Matth. Weftmon.* pag. 228.

blement, qui ébranla les maisons. Les fruits manquerent cette année, & l'on n'acheva la moisson que le 30 *Novembre* (*a*).

En 1110 sous le Regne de *Henri I.* il y eut un terrible Tremblement de Terre à *Shrewsbury* & à *Nottingham*, en *Angleterre*. Il continua depuis le matin jusqu'au soir, & la Riviere de *Trente* se dessécha si fort à *Nottingham*, qu'on pouvoit la passer à gué (*b*).

En 1112 dans les Fêtes de Noël,,

(*a*) Factus est Terræ motus 3° *Id. Augusti* (1089) unde totam Terram tremor invasit; cernebantur namque ædificia resilire eminus, & mox pristino modo residere. Secuta est inopia fructuum, tarda maturitas frugum, ita ut ad Festum *S. Andreæ* vix messes reconderentur in horreis. *Annal. de Margan. Histor. Anglican. Scriptores quinque. Vol. I. pag. 2. Simeon Dunelmens. Histor. Col.* 215.

(*b*) Anno 1110. Terræ motus *Scrobesheriæ* maximus; Fluvius qui *Trenta* dicitur, apud *Snotingham* è mane usque ad horam diei terriam, spatio unius milliarii exsiccatus, ita ut homines sicco vestigio per alveum incederent. *Simeonis Dunelm. Histor. X. Scrip. Col.* 231. apud *Salopiam Chronicon Henrici de Knyghton. X. Scrip. Col.* 2379.

il arriva un Tremblement dont on en
n'avoit guéres vu de pareils. Plusieurs
Villes & plusieurs Eglises furent détruites; & la fameuse Ville de *Liege* fut
noyée par les eaux de la *Meuse* qui dé-
borderent. Celle de *Rotembourg* en *Sua-
be*, située sur le *Necker*, fut entiérement ruinée, & ne fut rebâtie qu'en
1271 par *Albert* Comte de *Hohen-
berg* (a).

En 1114 on sentit deux Tremblemens de Terre, dont l'un fut très considérable dans les environs d'*Antioche*.
Plusieurs Villes furent détruites à moitié, d'autres entiérement : les maisons
& les murs furent renversés, & quantité de monde y perdit la vie. Le Château de *Trialeth* proche l'*Euphrate* fut
démoli. *Mariscum* fut bouleversé avec
ses murs, maisons & habitans, & une
bonne partie de *Manciftria* tomba en
ruines (b).

En 1117 il y eut en Lombardie un
Tremblement de Terre, qui dura pendant quarante jours, & culbuta plusieurs

---

(a) *Funccii Chronol.* fol. 142. C.
(b) *Voyages de Purchas.* Vol. X. pag. 1208.

maisons. Le plus remarquable de cet accident fut une Ville enlevée de sa place, & transportée bien loin de-là (*a*).

En 1119 on sentit un Tremblement de Terre dans différentes parties de l'*Angleterre* (*b*).

En 1133 en *Août*, le même Royaume fut affligé d'un Tremblement de Terre presque général (*c*).

En 1142 on en sentit un à *Lincoln* en *Angleterre*, trois fois de suite dans le même jour (*d*).

En 1158 il y eut un Tremblement de Terre à *Londres* & ailleurs dans le

---

(*a*) Apud *Longobardum* magno terræ motu facto, & ut testati sunt qui novere, XL. dierum spatio durante. Plurima domorum ædificia corruere ; & quod visu dictuque constat mirabile, Villa quædam prægrandis mota est repente de statu proprio, jamque ab omnibus in longe remoto consistere cernitur loco. *Simeonis Dunelmensis Hist. de gestis Regum Anglorum. Histor. Anglic. X. Script.* Col. 238. *Matthæi. Paris Hist. Angl.* pag. 79.

(*b*) *Simeon Dunelmens. Hist. de Reb. gest. Angl. X. Script.* Col. 240.

(*c*) *Simeon Dunelmens.* Col. 263.

(*d*) Anno 1142 auditus autem fuerat ter Terræ motus in eadem civitate *Lincolniæ* infra natale Domini. *Sim. Dunelm.* Col. 268.

Royaume. La *Tamise* s'étoit défféchée
dans cette Capitale, & l'on y paffoit à
fec (*a*).

— En 1159 les Villes d'*Antioche*, de
Tripoli, de *Damas*, & plufieurs autres
endroits furent boulverfés par un Tremblement de Terre. La Ville de *Catanée*
proche la *Mer Rouge* fut inondée, &
il y eut vingt mille ames de noyées en
Sicile (*b*).

En 1165 l'*Angleterre* fut fecouée
d'un Tremblement de Terre la nuit de
la Fête de la Converfion de *S. Paul* (*c*).

En 1170 il y en eut de très-grands
en *Hongrie* (*d*).

En 1179 il arriva un Tremblement

(*a*) Anno gratiæ 1158 Terræ motus factus eft pluribus in locis per *Angliam*, &
Fluvius *Thamifiæ* apud *Londinum* deficcata
eft, ut ficcis pedibus tranfiretur. *Chron.
Gerv. Doroh. X. Script.* Col. 1380.

(*b*) *Chronicon Johannis Bromton. Hift. Angl.
X. Script.* Col. 1049. *Purchas* parle d'un
Tremblement de Terre pour le moins auffi
violent, arrivé dans ces mêmes endroits en
1170. Vol. II. pag. 215.

(*c*) *Chronicon Gervafii Dorobernenfis. X.
Striptor.* Col. 1398.

(*d*) *Funcii Chronologia.* fol. 149. B.

de Terre très-remarquable à *Oxenhale*
proche *Dartington*, dans le Comté de
Durham en *Angleterre*. Le terrein s'é-
leva à une hauteur extraordinaire depuis neuf heures du matin jufqu'au coucher du Soleil, qu'il s'affaiffa avec un
bruit terrible. Les Habitans en furent fi
épouvantés, que plufieurs en mouru-
rent de peur. Cet accident laiffa un
creux fort profond, qu'on voit encore
aujourd'hui (*a*).

En 1185 il y en eut un dans la Par-

---

(1) Anno Dom. 1179 infra natale Domini
contigit in *Anglia* apud *Oxenhale* quoddam
mirabile a feculo inauditum, fcilicet quod,
in ipfa Domini *Hugonis Dunelmenfis* Epifcopi
cultura, terra fe in altum ita vehementer
elevavit, quod fummis montium cacuminibus
obæquaretur, & ita quod fuper alta tem-
plorum pinnacula emineret; & illa altitudo
ab hora diei nona ufque ad occafum folis im-
mobilis permanfit. Sole vero occidente cum
tam horribili ftrepitu cecidit, quod omnes
cumulum illum videntes, & ftrepitum cafus
illius audientes perterruit; unde multi ti-
more illo obierunt : nam tellus eum abfor-
buit, & puteum profundiffimum ibidem fe-
cit, qui ufque hodiernum diem patet. *Chronicon Johannis Brempton, Script. X. Col.* 1138,
1139. Voyez auffi la *Britannia* de *Cambden*.

tie Septentrionale du même Pays, &
les maifons furent démolies en plufieurs
endroits (*a*).

En 1186 il arriva un Tremblement
de Terre en *Calabre* & en *Sicile*. L'Archevêque de *Côfenza*, tout fon Clergé
& la plus grande partie des Habitans y
périrent; & une Ville fituée fur le bord
de la Mer *Adriatique* fut engloutie avec
tout ce qui étoit dedans (*b*).

En 1187 il y eut un Tremblement
de Terre fi confidérable à *Verone*, Ville
de la *Lombardie*, que les Habitans s'imaginerent avoir perdu les fondemens
de leurs maifons (*c*). Il fut précédé

(*a*) *Imagin. Hiftoriar. a Radulfo de Diceto.*
X. Scriptor. Col. 628.

(*b*) *Herbertus Anglicus* tranfitum faciens in
Siciliam affenfu Regis *Wilhelmi*, creatus eft
in *Calabria Cofenfenus* Archiepifcopus : cum
autem illic Terræ motus fieret magnus, prædictus Archiepifcopus cum Clero, cum familia, cum magna parte civium obrutus eft:
caftella pleraque fubverfa, millia populorum
contrita : quædam civitas *Adriatico Muri*
contigua, de nocte populo quiefcente, corruit in profundum. *Imag. Hiftoriar. Radul, li
de Dieto.* Voyez *Script. Hiftor. Anglican.*
Col. 628.

(*c*) Apud *Veronam* anno 1187 *Lombardie*

d'une Eclipſe totale du Soleil, & l'on
ſentit la ſecouſſe même juſqu'en *Angle-*
terre, où, ſelon *Matthieu Paris*, les
Tremblemens de Terre ſont fort rares (*a*).

En 1199 on en ſentit un, principalement dans le Comté de *Somerſet*. Il
étoit ſi fort, que pluſieurs perſonnes en
furent renverſées par terre (*b*).

En 1222 il y eut un Tremblement
de Terre dans différens endroits de l'*Eu-*
rope. Pluſieurs Villes en furent renverſées, & les habitans enterrés ſous leurs
ruines, entr'autres la Ville de *Briſa* en
Lombardie, dont la plus grande partie
avec ſes Egliſes fut bouleverſée la nuit

---

civitatem apparuit Eclipſis totalis, ad mo-
dum cacabi igniti : omnibus itaque qui vi-
derunt obſtupentibus, factus eſt Terræ motus
adeo terribilis, ut omnia fundamenta civitatis ſolo tenus erui viderentur. *Chronicon*
Gervaſii Dorobernens. Voyez *Script. Hiſt. An-*
glic. X, Col. 1505.

(1) *Matthæi Paris Hiſtor. Angliæ.* pag. 193.
Factus eſt his diebus per orbem univerſum
Terræ motus magnus & terribilis, ita ut
etiam in *Anglia*, ubi raro contigit, multa
ædificia ſubverterentur.

(*b*) *Imagin. Hiſtor. à Radulfo de Dieto X,*
Scriptores. Col. 628.

de la *Nativité de N. S.* & environ deux mille Habitans y périrent (a).

En 1246 (b) (ou 1284 selon *Fabyen* (c)) sous le Regne de *Henri III.* il arriva un Tremblement de Terre si fort en *Angleterre* , qu'on n'en avoit jamais vu de pareil. Il fut plus violent dans la Province de *Kent* qu'ailleurs, & il y renversa plusieurs Eglises (a).

————

(a) 1222. Fuit eodem anno Terræ motus magnus multis in locis in transmarinis partibus , ex quo urbes aliquæ subrutæ sunt funditus cum hominibus in illis degentibus, inter quas erat quædam urbs in *Longobardia* nomine *Brisa* , ex qua pars maxima in nocte natalis Domini subversa est , cum Ecclesiis , ubi quoque periere fere duo millia hominum. *Annal. de Margau. Hist. Anglican. Script. V.* Vol. 2. pag. 16. Voyez aussi *Annal. Waverleiens.* La-même , pag. 147.

(b) *Higdeni Polychronicon* , traduit par *Treuiza.* fol. 320.

(c) Dans son *Chronicon.* Vol. II. fol. 25.

(d) Hac æstate in *Anglia* terræ motus est magnus , ubi raro cernitur & auditur , Cal. *Junii,* hora nona, multorum mortalium corda deterrens. In *Cantio* vehementius Terra tremuit, in tantum ut Ecclesias quasdam concuteret & dirueret solo tenus. *Tho.* W*alsingham Hist. Angl. Camdeni Anglic. Normannie.* pag. 289.

En 1247 dans le mois de *Février*, il y eut un Tremblement de Terre dans différentes Provinces de l'*Angleterre*. Il se fit sentir le plus fortement à *Londres* & aux environs de cette Ville, & principalement sur le bord de la *Tamise*. Quantité de maisons furent démolies par cet accident (*a*).

En 1248 on sentit un Tremblement de Terre, qui endommagea beaucoup les Diocéses de *Bath* & *Wells*, & principalement la Cathédrale de ce dernier endroit (*b*).

En 1250 il arriva un Tremblement de Terre à *S. Albans*, & dans les en-

---

(*a*) Anno Domini 1247. in Vigilia Sancti *Valentini* factus est in *Anglia* per diversa loca, præcipue tamen *Londini*, maxime super ripam *Thamesis* Fluvii, Terræ motus, qui ædificia multa concutiens, damnosus extitit & nimium terribilis, quia, ut credebatur significativus, & insolitus & in his partibus occidentalibus, nec non & innaturalis, cum soliditas *Angliæ* cavernis terrestribus, & profundis traconibus ac concavitatibus, in quibus, secundum Philosophos, solet Terræ motus generari, careat, nec inde ratio poterat indagari. *Matthæi Paris Hist.* pag. 961.

(*b*) *Matthæi Paris, Histor.* pag. 1005.

virons appellés *Chilterns* ou Fonds de. Craye, qui fut regardé comme une chofe fort extraordinaire. Il étoit accompagné de terribles bruits foûterrains, qui reffembloient aux coups de tonnerre. Les pigeons, moineaux & autres oifeaux en furent épouvantés, & ils cherchoient à fe fauver, comme s'ils avoient eu peur des oifeaux de proye (a).

En 1318 fous le Regne d'*Edouard II* il y eut en *Angleterre* un grand Tremblement qui épouvanta beaucoup le Peuple (b). Il arriva le 14 *Novembre*, qui fut le lendemain de la Fête de *S. Brice*, qui étoit Evêque de *Tours*, vers l'an 432 (c).

En 1346 l'*Allemagne* fut fecouée d'un terrible Tremblement de Terre, qui bouleverfa quantité de Villages &

(a) *Matthæi Paris Hift.* pag. 1067.

(b) In craftino Sancti *Brifii* Terræ motus fuit magnus & terribilis, deterrens corda mortalium plurimorum. *Tho. Walfingham: Hiftor. Angliæ. Cambdeni Angl. Normannic.* pag. III.

(c) Voyez en la Legende dans *Wheatley Illuftratio Rationalis Calendarii.* Sect. XI.

même

même des Villes , & il fut accompagné de plusieurs circoustances remarquables (*a*).

En 1382, la cinquiéme année du Regne de *Richard II*, Roi d'*Angleterre*, il arriva un Tremblement qui se fit sentir par tout le Royaume , & qui endommagea considérablement plusieurs endroits. Quelques jours après les Vaisseaux furent beaucoup battus par l'agitation violente des flots de la Mer (*b*).

En 1385 , la huitiéme année du Regne du même *Richard II* , il y eut un grand Tremblement de Terre , que les Historiens rapportent comme un Avant-coureur des grandes Révolutions , qui arriverent immédiatement après en *Ecosse* (*c*).

On y en sentit dans la même année

(*a*) Terræ motus ingens in die Conversionis Sancti *Pauli* , anno *Christi* 1346 , *Germaniam* quassavit , pagi & arces multæ corruere. *Funccii Chronolog.* fol. 158. A.

(*b*) *Chronicon Henrici de Knygthon. X. Scriptor.* Col. 2644. *Chronicon Willielmi Thorn. X Scriptor.* Col. 2157.

(*c*) *Tho. Walsingham. Hist. Angliæ. Camdeni Anglic. Normannic. &c.* pag. 315.

un second, qui fut précédé de beaucoup de tonnerres & d'éclairs. Les Habitans en furent fort épouvantés, & il y en eut plusieurs de tués par le feu du Ciel (*a*).

En 1426, à la Fête de *S. Mich l* Archange, entre une & deux heures du matin, on commença à sentir un Tremblement de Terre par toute la *Grande-Bretagne*. Il succéda à un orage terrible, & il dura pendant deux heures. Les secousses furent presqu'universelles par toute la Terre (*b*).

En 1456 il y eut un Tremblement très - considérable à *Naples*, & il en coûta la vie à quarante mille ames qui périrent sous les ruines (*c*).

(*a*) Hoc anno septimo die post Translationem *S. Thomæ Cantuariensis* Archiepiscopi & Martyris, audita sunt tonitrua & visa fulgura & corruscationes jugiter per unam horam, quæ multorum corda terruerunt. Quorum ictibus quidam sunt mortui, quidam irremediabiliter læsi multis in locis. Quarto die sequente dictam tempestatem affuit Terræ motus circa secundam vigiliam noctis. *Tho. Walsingham, &c. Camdeni Anglic. &c.* pag. 326.

(*b*) *Annales de Stow,* pag. 368.

(*c*) *Higden, Polychronicon, Lib. ult. cap. 28. folio 343.*

En 1510 il arriva un Tremblement de Terre très-considérable en *Italie* (a).

En 1530 le premier *Septembre* il y en eut un sur la Côte de *Cumana* proche l'Isle de *Cubague*, dans les *Indes Occidentales*. La Mer, dit *Purchas*, s'éleva de quatre brasses au-dessus de sa hauteur ordinaire, & entra dans le Pays. La Terre commença à cet instant à trembler, & le Fort que le Capitaine *Jacques* de *Castillon* avoit construit par ordre du Conseil d'*Hispaniola*, tomba en ruine. La Terre s'ouvrit en différens endroits, & il en sortit beaucoup d'eau salée, qui étoit noire comme de l'encre, & qui puoit comme de la Pierre Ponce. La Montagne qui est à côté du Golfe de *Cariaco* resta ouverte avec une grande crevasse. Plusieurs maisons furent renversées, & quantité de monde y périt. Il en mourut de peur, d'autres furent noyés, & d'autres enterrés sous les ruines (b).

En 1551, le 25 *Mai*, on sentit un

<hr>

(a) *Funccii Chronologia*, fol. 166. A.
(b) *Herrera Description des Indes Occidentales*, *Voyages de Purchas*, Part. III. pag. 868.

Tremblement de Terre dans la *Grande-Bretagne*, aux environs de *Rygate*, de *Craydon* & de *Darkin*, dans le Comté de *Surry*, mais principalement à *Darkin*. Les pots & autres ustensiles de cuisine, & les meubles dans les maisons furent renversés par la violence des secousses (*a*).

Gaspre de Cruz, dit *Purchas*, lut devant le Roi une Lettre des *Mandarins*, datée de 1556. Elle contenoit le recit d'un terrible Tremblement arrivé dans les Provinces de *Sanxi* & *Santon* dans la *Chine*, durant lequel le jour se noircit entiérement. La Terre s'étoit ouverte l'année d'auparavant ; & l'on avoit entendu dans ses entrailles un bruit qui ressembloit au son des cloches. Cet accident fut suivi de beaucoup de vent & de pluye. Le vent qu'ils appellent dans ce Pays-là *Fufan*, étoit si violent, qu'il chassa les Vaisseaux sur terre, & renversa les hommes & les maisons. Les secousses énormes firent sortir du feu de la Terre à *Vinyansu*, & il consuma

____

(*a*) *Mémoires Ecclésiastiques de Strype.* Vol. II. pag. 272.

toute la Ville & une quantité infinie de monde. Le même malheur arriva à une Ville située dans le voisinage, & dont il n'échappa pas une ame. La Riviere augmenta beaucoup à *Leuchimen*, & il y eut quantité de monde noyé. Il en périt huit mille à *Hyen* sous les ruines des maisons. Le Palais des Parens du Roi à *Puechio* fut bouleversé, & tua tous ceux qui y étoient, à l'exception d'un enfant. La Ville de *Cochu* fut désolée d'en-haut par le Feu du Ciel, & d'en-bas par les Eaux. Il périt près de cent mille ames à *Enchinoen* & à *Inchumen*; la Riviere eut dix fois Flux & Reflux dans les vingt-quatre heures. C'est vraisemblablement le même Tremblement de Terre, dont *George* & *Boterus* font mention (*a*).

Il y a eu des Tremblemens de Terre au *Peron*, depuis *Chili* jusqu'à *Quito*, qui font plus de cent lieuës. Il y en eut un terrible sur la Côte de *Chili* (l'Auteur ne se souvient pas en quelle année) : il renversa des montagnes, & arrêta par-là le cours des Rivieres qui

---

(*a*) *Voyages de Purchas*, pag. 459.

se changerent en Lacs : il détruisit des Villes, & fit périr une infinité de monde. La Mer se retira à plusieurs lieuës, & laissa les Vaisseaux à sec bien loin de l'ancienne Rade, sans parler de quantité d'autres effets surprenans. Si je ne me trompe, on m'a assuré que ces Révolutions causées par le Tremblement de Terre s'étendirent environ trois cens lieuës le long de la Côte (a).

En 1571, le 17 *Février*, on vit la Terre s'ouvrir tout d'un coup à un endroit appellé *Kinanstone*, proche le Mont *Marsly*, dans le Comté de *Hereford en Angleterre*. Plusieurs Rochers s'avancerent de côté avec le terrain sur lequel ils étoient assis, faisant d'abord un bruit terrible : ils continuerent de se mouvoir depuis six heures du soir jusqu'au lendemain matin qu'ils avoient fait la distance de quarante pas, & emporterent avec eux de grands arbres & des Bergeries, dont quelques-unes renfermoient soixante moutons & davantage. Plusieurs arbres tomberent dans les crevas-

____

(a) *Acosta Histoire Naturelle & Morale des Indes Orientales & Occidentales*. Liv. III. ch. 26.

ses , d'autres qui étoient dans la plaine , furent transportés au haut des Montagnes sans être déracinés ! ceux qui étoient à l'Est furent tournés à l'Ouest, & ceux de l'Ouest à l'Est. La profondeur où la Terre avoit commencé à s'ouvrir , resta de trente pieds , sa largeur étoit de cent soixante verges , & sa longueur d'environ quatre cens. La Chapelle de *Kingston* fut bouleversée par cet accident , & deux grands chemins reculés de près de cent verges avec les arbres & hayes qui les bordoient. Le District qui a été ainsi remué , contient en tout vingt-six acres. Dans l'endroit où il y avoit des terres labourables ce sont aujourd'hui des pâturages , & les pâturages ont pris la place des terres labourables. Le terrein en se mouvant poussa la terre devant lui si bien , que ce qui étoit une plaine est devenu une grande Montagne de vingt-quatre verges de haut. Le mouvement du terrein dura depuis le *Samedi* jusqu'au *Lundi* au soir qu'il s'arrêta (a).

(a) *Annales de Stow*, pag. 668. *Camden Britannia.* Col. 671. Le P. *Kircher* rapporte un semblable accident arrivé dans le Royau-

M iiij

En 1574, le 26 _Février_, entre cinq

---

me de _Naples_, où une vigne fut transferée
par un Tremblement de Terre à trois mille
pas de fa place; ce qui fit naître un Procès
très-confidérable entre les anciens & les
nouveaux Poffeffeurs. Refert _Ægidius Napo-
litanus_, dit-il, in fua _de Montis Vefuviani
Incendiis Diatriba_, fuo tempore horrendum
in Bafilicata _Napolitani_ Regni Provincia ca-
fum contigiffe: ex formidabili quippe Terræ
motu ibidem exorto, integrum montem vi-
nearum cultura nobilem ex loco fuo in alium
tribus inde millibus paffuum intervallo diffi-
tum, fine ullo in intermediantibus Iocis fui
veftigio relicto, tranflatum fuiffe, atque in
hunc ufque diem diuturnam inter dicti montis poffeffores in _Neapolitano_ Dicafterio,
quam Vicariam vulgo vocant, litem pende-
re. Voyez fon _Monde Soûterain_. Tom. I. Liv.
IV. Sect. 2. ch. 10.

Quoique ces fortes de Tremblemens ou
mouvemens du Terrein foient affez rares,
nous en trouvons néanmoins des exemples
dans l'_Hiftoire Naturelle_ de _Pline_, L. II. ch.
83. où il parle de Montagnes, Prairies &
Champs couverts d'Oliviers transferés d'un
endroit à l'autre. Factum eft femel, dit-il,
quod equidem in Hetrufcæ difciplinæ vo-
luminibus inveni, ingens terrarum porten-
tum. L. _Marcio_, _Sexto Julio_, Coff. in agro
Mutinenfi montes duo inter fe concurrerunt,
crepitu maximo affultantes, recedentefque,

.& six heures du soir, il y eut des Trem-

---

*inter eos flammâ fumoque in cœlum exeunte
interdiu, spectante è via Emilia magna Equi-
tum Romanorum familiarumque & viatorum
multitudine. Eo concursu villæ omnes élisæ,
animalia permulta, quæ intra fuerant, exa-
nimata sunt, anno ante Sociale Bellum. Non
minus mirum ostentum & nostra cognovit
ætas, anno Neronis Principis supremo, si-
cut in rebus ejus exposuimus, pratis, oleis-
que, intercedente via publica, in contrarias
sedes transgressis, in Agro Marrucino, præ-
diis Vectii Marcelli Equitis Romani, Res N-
ronis procurantis.*

Nauclerus rapporte un accident à peu près
semblable, dans sa *Chronographie.* Vol. II.
pag. 926.

Parival, dans son *Histoire du Siécle de Fer,*
Part. I. pag. 88. fait mention de la chûte
d'une des plus hautes Montagnes du Pays des
Grisons, qui fut culbutée par un Tremblement de Terre en 1618. Une petite Ville
appellée *Pleara* en fut renversée de fond en
comble ; tous les Habitans furent enterrés
vivans, & il ne resta aucun vestige de l'endroit.

L'Evêque de *Clogher* en *Irlande* a donné
une Relation d'une Montagne qui s'enfonça
dans la terre proche de sa Ville le 10 *Mars,*
1713, & on la trouve dans les *Transactions
Philosoph.* Vol. 28. pag. 267. M. *Sackette*
fait un rapport curieux d'un enfoncement de

blemens confidérables en Angleterre,
dans les Villes de *York*, *Worcefter*, *Glo-
cefter*, *Briftol*, *Hereford* & dans les environs. Les Habitans effrayés quitterent
leurs maifons qui menaçoient de tomber. A *Tewksbury* & dans plufieurs autres endroits les plats furent renverfés
dans les buffets & les Livres fur les tablettes. La Chapelle de *Norton* étoit
remplie de monde qui faifoit la Priére
du foir à genoux: ils furent prefque tous
renverfés par les fecouffes du Tremblement, & ils s'enfuirent promptement,
de crainte que les morts ne fuffent déterrés, ou que la Chapelle ne tombât
fur eux. Une partie du Château de *Ru-
then* fut bouleverfée auffi bien que plufieurs chéminées de briques des grandes
maifons. La Cloche de la Halle de
Denbigh frappa deux coups (a).

En 1580, le 6. *Avril*, vers les fix

---

terre très-extraordinaire proche *Folkftone*,
dans la Province de *Kent*: il a été auffi in-
feré dans les *Tranfactions Philofophiques*. Vol.
29. pag. 469. Il n'y a que quelques années
que la partie d'une Montagne s'enfonça à
Scarborough.

(a) *Chronique* de *Stow*. pag. 679.

heures du foir, il arriva fubitement un
Tremblement à *Londres*, & généralement par tout le Royaume d'*Angleter-*
re, & il mit le Peuple dans une terrible confternation. La groffe Cloche du
Palais de *Weftminfter* & plufieurs autres
dans la Ville & aux environs fe firent
entendre. On étoit à fouper au Temple ; mais tout le monde fut fi effrayé
du coup, qu'on quitta brufquement la
table, & plufieurs gagnerent la rue,
ayant encore le couteau à la main. Une
partie de l'Eglife du Temple s'enfonça,
& il tomba quantité de pierres de l'E-
glife de *S. Paul.* Deux pierres tombe-
berent pendant le Sermon dans l'Eglife
de *Chrift*, & écraferent deux perfonnes,
dont une mourut fur le champ, & l'autre quatre jours après. Il y eut quantité de monde eftropié dans la preffe que
l'on faifoit pour fortir de l'Eglife, & il
y eut une pluye de chéminées dans la
Ville. Le Tremblement dura environ
une minute à *Londres* & aux environs,
après quoi il n'en fut plus queftion. Mais
à l'Eft de cette Ville, dans le Comté
de *Kent*, & fur la Côte, on le fentit
trois fois. Non feulement la Terre trembla à *Sandwich* fur les fix heures, mais

la Mer écuma & s'agita au point , que les Vaisseaux s'entrechoquerent dans le Port. On sentit le même choc à *Dover* , & une partie du Rocher tomba dans la Mer avec une partie de Rempart du Fort. Il tomba aussi une partie du Château de *Saltwood* , les cloches se firent entendre dans le Clocher de l'Eglise de *Hythe* , & l'Eglise de *Sutton* fut beaucoup endommagée. Dans tous ces endroits , & généralement dans la Partie Orientale du Comté de *Kent* on sentit la Terre remuer trois fois , à six heures , à neuf, & à onze (a).

Le 1 *Mai* de la même année après minuit on sentit un Tremblement de Terre dans plusieurs endroits du Comté de *Kent* , en *Angleterre* , sçavoir à *Ashford* , *Grand Chart* , &c. Tout le monde se jetta hors du lit , & courut aux Eglises pour implorer la miséricorde de Dieu (b).

____

(a) *Chronique de Stow* , pag. 687. Voyez *Camden. Histoire de la Reine Elisabeth* , l'année 1580. Il observe, que ce Tremblement de Terre s'étendit jusqu'aux *Pays-Bas* , & monta presque jusqu'à *Cologne*.

(b) *La même* , pag. 689.

En 1581 il arriva un accident singulier proche de *Cugiano*, Ville du *Perou*.
Un Village nommé *Arigoango*, où il
y avoit beaucoup d'*Indiens* errans, qui
étoient Sorciers & Idolâtres, fut tout
d'un coup renversé. Une grande partie
de l'endroit fut enlevée de terre & emportée bien loin, & quantité d'*Indiens*
y perdirent la vie. Ce qui paroît incroyable, quoique certifié par des
gens dignes de foi, c'est que la Terre
abbatuë coula en avant plus d'une lieuë
& demie, comme si ç'avoit été de l'eau
ou de la cire fonduë ; elle s'arrêta à la
fin, remplit un Lac, & se répandit
ainsi par tout le District (a).

Peu de temps après, en 1582, il y
eut un Tremblement de Terre considérable à *Arequipa* au *Perou*, qui bou-
leversa, pour ainsi dire, toute la Ville.
(b).

En 1583, le 13 *Janvier, vieux stile*,
un terrein de trois acres proche de l'endroit appellé *Blackmore* en *Dorsetshire*,
dans la *Grande Bretagne*, remua de sa

(a) *Acosta Hist. Natur. & Morale des Indes
Orientales & Occidentales*. L. 3. ch. 26.
(b) *Là même.*

place , & fut tranſporté en entier par
deſſus un autre Enclos , où il y avoit
des Sureaux & des Saules. Il avança de
plus de 900 pieds, & s'arrêta au grand
chemin qui conduit à la Ville de *Cerne*.
Les hayes qui entouroient ce Diſtrict
n'en furent pas dérangées, & les arbres
qu'il portoit étoient reſtés droits & à
leur ancienne place, à l'exception d'un
Chêne qui fut tranſporté de la ſienne à
300 pieds. L'endroit où ce terrein étoit
auparavant, reſſemble aujourd'hui à une
grande foſſe (a).

En 1586, le 9 *Juillet*, il y eut un
grand Tremblement dans la Ville de
Kings. Il s'étendit, ſelon le rapport du
Vice-Roi, à ſix cens dix lieuës le long
de la Côte, & il entra cinquante lieuës
dans la *Sierre*. Les Habitans furent heu-
reuſement avertis par un grand bruit
qui ſe fit entendre un peu avant les ſecouſſes : ils abandonnerent promptement leurs maiſons & ſe retirerent dans
les ruës & dans les jardins, d'où ils ſe
ſauverent dans les champs. En effet la
plus grande partie de la Ville & ſes

(a) *Chronique de Stow.* pag. 696.

principaux Bâtimens furent bouleverſés, mais il ne périt qu'environ une vingtaine d'habitans. Ce Tremblement fit le même effet ſur la Mer qu'à *Chili* : elle s'enfla à la hauteur de quatorze braſſes immédiatement après les ſecouſſes, & elle monta plus de deux lieuës dans le Pays. Toutes les plaines en furent inondées, & les arbres & autres gros bois flottoient par tout le Pays. Il y a eu encore d'autres Tremblemens de Terre dans la Ville & dans les environs de *Quitto*, & ils paroiſſent s'être ſuccédés dans un certain ordre ſur cette Côte, qui eſt fort ſujette à ces funeſtes accidens (*a*).

En 1590 il arriva un Tremblement de Terre très-conſidérable à *Vienne* en *Autriche*, qui s'étendit delà par la *Bohême*, la *Moravie* & la *Hongrie* (*b*).

En 1596, le 22 *Juillet*, il tomba une pluye de cendres aux environs de *Meaco* au *Japon*, & la Terre en fut couverte, comme ſi ç'avoit été de la nei-

---

(*a*) *Acoſta Hiſtoire Naturelle & Morale des Indes Orientales & Occidentales.* Liv. III. ch. 26.

(*b*) *Funcci Chronologia.* fol. 173. E.

ge. Il fuccéda bientôt après en cet endroit & ailleurs une pluye de fable rouge, qui fut fuivie d'une autre fembla-
ble à des cheveux de femme. Il furvint immédiatement après un Tremblement de Terre, qui en fit tomber
les Temples & tous les fuperbes Palais,
pour la conftruction defquels *Taicofama*
avoit dépenfé des fommes immenfes,
& employé cent mille Ouvriers, & il
y eut quantité de monde écrafé fous
les ruines. Des douze cens Images do-
rées, qui fe trouvoient dans le Temple
de *Janfuzanges*, il y en eut fa moitié
brifée par morceaux. La Mer monta
fort avant fur le Continent, & l'entraîna
avec elle en fe retirant, fans laiffer aucun
veftige de Pays. Les Villes *Ochinofa-
ma*, *Famaoqui*, *Ecuro*, *Fingo* & *Cafci-
canaro* furent englouties, & la Mer
prit leur place : les Vaiffeaux mêmes
qui étoient a'ors dans les Ports, coulerent à fond (*a*).

En 1596, le 18 *Décembre*, *V. St.*

______

(*a*) *Voyages de Purchas*. Liv. V. ch. 6. pag.
599. où il donne auffi une Relation d'un terrible Tremblement de Terre arrivé dans le
Royaume de *Nogafama* en 1586.

deux Enclos voisins de la Paroisse de
Ouest-Ram , dans le Comté de *Kent* en
Angleterre , n'étant séparés que par une
haye de frênes , s'enfoncerent en terre
de six pieds & demi , le lendemain seize
pieds de plus , & le surlendemain pour
le moins quatre-vingt pieds davantage,
en continuant de même jour par jour.
La grande crevasse avoit environ quatre-vingt perches de long & vingt-huit
de large. Le terrein commença d'abord
a se détacher avec ses hayes & les arbres de la terre voisine , & il avança
tout entier au Sud , jour & nuit pendant
onze jours. Deux creux remplis d'eau ,
à la profondeur , l'un de six pieds , &
l'autre de douze , ayant environ quatre
perches de diamétre, furent emportés ,
quatre perches au Sud avec plusieurs
Aulnes & Frênes qui croissoient dans
l'eau , & un gros Rocher qui leur ser-
voit de base à tous les deux. Le fond
de ces creux s'éleva même , & forma
des collines de neuf pieds de haut , au-
dessus de la surface de l'eau qu'il venoit
d'abandonner , & dont les sommets res-
terent couverts de joncs , de roseaux &
de la vase noire du fond. D'autres ter-
reins qui avoient été plus élevés s'affaist-

ferent, prirent la place des creux, & se chargerent de leurs eaux. Il se forma dans un autre endroit, en pleine campagne, un grand creux de cinq ou six perches de long, sur deux de large : la terre s'enfonça pour le moins à la profondeur de trente pieds. A quelque distance delà, une haye de trente perches de long fut emportée avec ses arbres, pour le moins sept perches au Sud. Il y eut en même-temps plusieurs autres enfoncemens du terrein en différens endroits, dans les uns de trente-quatre pieds, dans d'autres de quarante-sept, & dans d'autres de soixante-cinq : ensorte que les Montagnes furent changées en Vallées, & les Vallées en Montagnes (a).

En 1600 il y eut un grand Tremblement de Terre à *Arequipa* au *Perou.* Il tomba une pluye de Sable & de cendres pendant vingt jours, causée par les éruptions d'un Volcan. Les cendres tomboient en plusieurs endroits de l'épaisseur d'une verge, dans d'autres de deux, & où il y en avoit le moins, elles avoient un quart de verge d'épaisseur. Les bleds

____

(a) *Annales de Stow.* pag. 783.

furent criblés & écrafés fous leur poids ;
les branches des arbres furent abbatuës,
& ne porterent point de fruit. Le bé-
rail, tant grand que petit, mourut faute
de pâturage : car les fables qui étoient
tombés, couvroient les champs à trente
lieuës d'un côté, & à quarante de l'autre tout autour d'*Arequipa*. On trouva
les vaches mortes jufqu'à cinq cens en-
femble dans différens endroits, & des
Troupeaux confidérables de moutons,
de chévres, de cochons étoient enterrés vivans. Les maifons furent écrafées
fous le poids du fable. Il y eut des Orages terribles jufqu'à trente lieuës autour
d'*Arequipa*, & il faifoit fi fombre pendant
ces accidens, qu'on fut obligé d'allumer de la chandelle en plein midi (*a*).

En 1621 il arriva un Tremblement
de Terre à *Gonahpée*, qui eft le terrein
le plus ftérile des Ifles de *Banda*, d'ailleurs fort fujettes à ces accidens, auffi-
bien que les Ifles voifines, parmi lefquelles les Vaiffeaux étant à la rade font
fouvent ballottés & entre-choqués les
uns contre les autres. Depuis que les
Hollandois ont furpris l'Ifle de *Nera*,

____

(*a*) *Voy. de Purchas.* P. IV. pag. 1476.

elle a été battuë par un Tremblement
de Terre affreux. Les Montagnes vo-
mirent feu & flammes, avec une puanteur horrible, & ils répandirent de tous
côtés une quantité si prodigieuse de charbons à demi consommés, que les gros
arbres & des forêts entieres en furent
comblées, & qu'on ne voyoit plus une
feuille verte dans toute l'Isle. La Ville
& le Château de *Nera* ne furent pas
épargnés : les Habitans crurent voir la
fin du monde, tous les arbres fruitiers
furent brûlés, & les Vaisseaux même
penserent périr à la rade. Des témoins
oculaires & fort croyables ont rapporté, que l'agitation de la Terre étoit si
violente, qu'il y eut des pierres de trois
ou quatre tonneaux pésant jettées d'une
Isle à l'autre (*a*).

Le P. *Kircher* donne la Relation d'un
Tremblement affreux, qui arriva dans
la *Calabre*, où il étoit alors, le 27
Mars, 1638. Il y eut plusieurs secousses, qui se succéderent nuit & jour,
& chacune fut précédée d'un bruit terrible qui se faisoit dans les entrailles de
la Terre. Il sentit un jour ces bruits

(*a*) *Là-même.* Vol. I. pag. 697.

comme venant à lui de l'Isle de *Stron-
goli* , & un inftant après lui & fa com-
pagnie entendirent une explofion énorme d'un coup de tonnerre fous terre ,
qui fit trembler la terre fous leurs pieds,
au point que ne pouvant plus fe foûtenir fur leurs jambes , ils fe jetterent
ventre à terre. Le coup étant parti ils
fe releverent fur le champ , & ayant
jetté les yeux du côté de *S. Euphemie* ,
qu'ils venoient de voir devant eux à
environ trois lieuës , ils n'apperçurent
plus rien qu'une groffe nuée noire , qui
fe difperfa un inftant après , & ils furent
fort étonnés de ne plus trouver le moindre veftige de la Ville , dont la place
s'étoit changée en Lac (*a*).

____

(*a*) Ego fane , dum anno 1638 inauditis
Terræ motibus , qui *Calabriam* pene in vaf-
titatem reducebant , intereffem , memini fem-
per me ante imminentem Terræ motum ,
qui fæpe fæpius interdiu noctuque reitera-
batur , horrendum murmur & incredibiles
fragores ad inftar multorum fonitus Tympa-
norum percepiffe. Et quodam die , dum
Strongylum plus folito ignearum molium eruc-
tatione furere notaffem , obtufum quoque nef-
cio quod murmur ex monte 60 millibus paffuum diffito , audivi , quod identidem verfus
nos crefcere videbatur , ad quos ubi perve-

En *Septembre*, 1627, l'Isle de *Ma-nille*, qui est une des *Philippines*, fut affligée d'un horrible Tremblement de Terre, qui renversa deux Montagnes appellées *Carvallos*, & les mit au niveau de la terre. En 1645 le tiers de la Capitale de la Province de *Cogogan* fut bouleversé par un pareil accident ; il en coûta la vie à trois cens ames, & le même malheur arriva l'année d'après. Les Viellards disent, que ces accidens étoient encore plus funestes autrefois, & que c'étoit pour cette raison qu'on n'y voyoit que des maisons de bois (a).

---

nit, tam horrenda intra terram tonitrua edidit, ut vix sensus iis tolerandis sufficeret: cui jungebatur tam formidabilis Terræ concussatio, ut nemo pedibus amplius consistere valeret, omnibusque sociis ferocientis naturæ vi prostratis; tandemque induciis constitutis cum surgentes oppidum *S. Euphemia* (à quo non nisi tribus milliaribus aberamus) ingenti nebula tectum tueremur, & sensim evanescente, urbem nullo amplius vestigio relicto absorptam, lacu quo prius carebat in ejus loco exorto, ea animi consternatione quam vix verbis describere queam, reperimus. *Mundus Subter.* Liv. IV. Sect. 2. ch. 10. Tom. I. pag. 240.

(a) *Voyage autour du Monde de Gemelli Ca-*

En 1640 il y eut un grand Tremblement de Terre , qui commença à *Malines* , & s'étendit plus de trois cens foixante lieuës par la *Flandre* , la *Zelande* , la *Hollande* , la *Gueldre* & l'*Allemagne* (a).

---

reri , dans les *Voyages de Churchill.* Vol. IV, pag. 427. où il obferve que cette Ifle eft entourée de quantité de Volcans.

(a) Enim vero nox erat inter diem tertiam & quartam *Aprilis* , anno 1640 , quadrans vero poft horam tertiam à nocte media : Luna poft biduum inde plena , & dies *Mercurii* ante Pafcha , quando *Mechlinia* (ubi tunc eram propter caufas) infigniter tremuit & fubfiliit , tribus repetitim acceffibus , fingulaque invafione tremor duravit paulo minus quam effet fpatium *Symboli Apoftolorum.* Acceffum vero quamlibet immediate præceffit mugitus quidam in aëre , & quafi rotarum actio , qua majora tormenta bellica per plateas vehuntur , terram fuccuteret. Didici ab amicis , iifdem pene momentis , iifdemque tribus repetitis vicibus , pari intervallo diremtis , fimilique comitante mugitu , tremuiffe *Bruxellam* , *Antwerpiam* , *Liram* , *Goudanum* , Montes *Hanoniæ* , *Namurchum* , *Camerachum* , Deinceps audivimus idem accidiffe in *Hollandia* , *Zelandia* , *Frifia* , *Luxemburgo* & *Geldria* , imo *Francofurtum ad Mœnum* ufque non minus tremuiffe. *Metziis* aliquot turres

En 1653, le jour de *S. Jacques* &
de *S. Philippe* (dit *Navarette*) j'étois
dans le Confessional de la Chapelle de
S. Jacques. Je sentis mon siége remuer,
& m'imaginant qu'il y avoit quelque
chien sous moi, je priai le Pénitent de
le chasser. Mais il me répondit : mon
Pere, ce n'est pas un chien ; c'est un
Tremblement de Terre , & à l'heure
même les secousses augmenterent si fort,
que je fus obligé de quitter mon Pénitent. Je crus que la fin du monde étoit
venuë, & nous nous mimes à genoux ,
pour implorer la miséricorde de Dieu.
J'avois senti plusieurs Tremblemens de
Terre , mais jamais de cette force.
Lorsqu'il fut passé , je dis, à mon Pénitent : si les secousses ont été aussi violentes à *Manille* qu'ici, il n'y est pas

---

dirutas , & nova ædificia prope *Threnôpolin*
corruisse ; tremuisse quoque *Westphaliam* ,
imo *Ambiarum* & *Galliæ* finitimas oras. Trac-
tus est ad minimum tercentum sexaginta *leu-
carum* , singulis ejus circuli minimis locis ,
æquali ubique formidine , trepidabat solum.
Intellexi naves in portubus *Hollandiæ* atque
Zelandiæ , malis atque antennis concussas ,
absque vento. *Opera Joh. Baptist.* |*Van Hel-
mont* , article *Terræ Tremor.* pag. 90.

resté

resté une pierre sur l'autre. Je sçus par la suite, que cette Ville n'avoit pas été beaucoup endommagée : & en effet nous en étions à cent lieuës, & il y avoit beaucoup d'eau entre deux (*a*).

En 1657, le 24 *Avril*, il arriva un Tremblement dans les Parties Méridionales de la *Norwége*. Il s'étendit cent soixante milles en longueur & autant en largeur, & le Sr. *Escholt* qui en donne la description, remarque que c'est contre la nature de ces accidens qui ne s'étendent guéres loin (*b*). Cependant le P. *Kircher* en rapporte un qui ravagea un terrein de plus de deux cens milles en longueur (*c*).

En 1660, dans le mois de *Juin* il y eut un terrible Tremblement de Terre, qui désola tout le Pays compris entre *Bourdeaux* & *Narbonne*, & engloutit une grande Montagne, laissant un Lac à sa place. Tout ce District, qui s'é-

---

(*a*) *Voyages de Navarette.* Voyez le *Recueil de Churchill*, Vol. 1 pag. 273.

(*b*) *Transactions Philosophiques*, Vol. XIII. n. 151. pag. 319.

(*c*) *Mundus Subterraneus*, Liv. IV. Sect. 2. ch. 10.

N

tend le long des *Pyrenées* étoit rempli
de quantité de sources d'eau chaudes,
dont une ayant ses eaux presque bouil-
lantes avant la chûte de la Montagne,
se refroidit au point que personne ne put
plus s'en servir (*a*).

En 1666, le 19. *Janvier*, *V. St.* on
sentit un Tremblement de Terre aux
environs d'*Oxford*. Il ne fut pas bien
considérable dans la Ville même. Le
célébre M. *Boyle* étant à cheval entre
Oxford & sa Campagne, qui en étoit
à quatre milles, essuya un froid excef-
sif. Le vent étoit à la gelée, & fort pi-

(*a*) Hoc loco omittere non possum, quæ,
dum hæc scribo, mihi referuntur. Anno
1660, mensa *Junio*, quo ingens Terræ motus infestavit omnem illam Galliæ regionem,
quæ se à *Burdigalensi* urbe ad *Narbonam* ex-
tendit; erat prope *Bigornium* ingens & præ-
celsus mons, qui ferocientis Naturæ vi ita
absorptus dicitur, ut præter lacum ingentem
quem post se reliquit, nullum ejus amplius
vestigium apparuerit : addunt, districtum illum circa *Pyrenæos* montes compluribus Ther-
mis fuisse refertissimum, in quarum unis post
montis ruinam, aquæ prius fervidissimæ,
tantum frigus contraxerunt, ut proinde nemo amplius illis uti possit. *Kircher*, *Mundus
Subterran.* Tom. I. pag. 278.

quant; mais il changea tout d'un coup, & fe mit à la pluye. Ce Sçavant en marqua fa furprife en arrivant, & dit qu'il n'avoit jamais obfervé un changement auffi fubit dans l'air. Le Tremblement furvint enfuite, mais il ne fut pas bien fort dans la maifon de M. *Boyle*, quoique fituée daus un terrein plus élevé que la Ville d'*Oxford*. On envoya faire des informations dans un endroit appellé *Brill*, penfant qu'à caufe de fon élevation extraordinaire il eut du être plus fujet aux effets du Tremblement que les environs. En effet on vint rapporter, que le choc avoit été fi violent, que les carreaux avoient remué dans la fale du Château. La Montagne, fur laquelle *Brill* eft affis, eft remplie de Minéraux de différentes efpeces. Ce Tremblement s'étendit à plufieurs lieuës *(a)*.

En 1667, le 6 *Avril*, il en arriva un

(a) Relation des Tremblemens de Terre arrivés aux environs d'*Oxford*, communiquée à la *Societé Royale de Londres*, par le D. *Wallis*, Voyez les *Tranfactions Philofophiques*. Vol. I. num. X. pag. 166. & num. XI. pag. 180.

bien terrible à *Raguse*. Le Palais Ducal fut culbuté dans un inſtant, & le Prince enterré ſous ſes ruines. Les autres Palais, les Egliſes, les Monaſtéres, & la plûpart des maiſons de la Ville eurent le même ſort, & de ſix mille habitans il n'en échappa pas plus de ſix cens. La Mer ſe retira quatre fois, & toutes les ſources ſe déſſécherent dans un inſtant, ſans qu'il y reſtât une goutte d'eau. Ce fut un bien triſte ſpectacle, que de voir ce petit reſte de Citoyens ſe déſoler & courir par les ruës en implorant la miſéricorde de Dieu, pendant que d'autres voloient au ſecours des malheureux qui gémiſſoient ſous les ruines. On en retira pluſieurs qui étoient encore vivans, & l'on en trouva qui avoient reſté enterrés, trois, quatre, juſqu'à cinq jours, ſans avoir eu autre choſe pour ſe ſoûtenir que leur propre urine. Le Tremblement dura une ſemaine entiere, mais les ſécouſſes diminuerent chaque jour. Pluſieurs Villes de *Dalmatie* & d'*Albanie* furent endommagées par ce même accident (*a*).

____

(*a*) Die *Mercurii*, 6 *Aprilis*, 1667, inter

En 1668. il y eut un grand Trem-

---

horam 13 , 14, protinus exurgebat ex tel-
lure horrendus & terribilis Terræ motus ,
qui in momento evertebat Palatium Ducis ,
Ducemque ipfum in ruina opprimebat. Idem
cafus communis fuit omnium Palatiorum ,
Ecclefiarum, Monafteriorum & ædium dic-
tæ civitatis ; dumque omnia furfum deorfum
ferebantur , plurimi interempti ; accedebat
damnum ex faxis molis ingentis , quæ de-
volvebantur ex montibus , adeo ut civitas
univerfa in rudera fit verfa. Malum quod
non fine maximo dolore complurium dierum
fpectabant pauci illi , quos cafus ille reli-
quos & fuperftites fiverat . neque hi exce-
debant numerum 600 circiter , 25 Nobilibus
exceptis. Non fine lachrymis fpectaffes po-
pulum hunc maximam partem mutilum , quafi
fenfibus deftitutum , ambulantes per plateas
minus turbatas , cum Rofario circa collum ,
implorantemque divinam mifericordiam , &
remiffionem peccatorum fuorum : Imo & caf-
tellum aperiri vifum , rurfumque bis claudi :
& undæ maris quater refluere ut omnes fon-
tes hujus loci arefcerent , ne gutta quidem
aquæ ad potum relicta. Non defuere com-
plures , qui adfectu compaffionis moti con-
currebant ad vocem quorumdam dolentium
fepultorum fub ruderibus , & mifericordia
pulfi annitebantur amoliri ligna faxaque ,
quibus miferi erant obruti , quos adhuc fpi-
rantes fervabant , licet tres , quatuor , quin-

blement de Terre en *Zan Tung*, Province de la *Chine (a)*.

En 1677., le jour de *Noël, V. St.* à onze heures du soir il arriva un Tremblement de Terre en *Stafford-Shire*, dans la *Grande Bretagne*, qui fut précédé d'un bruit soûterrain. Il fut considérable aux environs de *Willenhall* proche *Wolverhampton* ; mais il ne dura point : la terre ne donna qu'une seule secousse, & le mouvement étoit du Sud au Nord. On sentit aussi un Tremblement à *Hanbury* sur les frontiéres de *Derby Shire* ; mais il n'étoit alors que huit heures, & il paroît qu'on doit conclure de-là que

---

que dies hanc calamitatem sustinuissent ; unde erepti dicebant se vitam sibi protraxisse solo potu propriæ urinæ. Hic Terræ motus continuos octo dies duravit, quanquam minoribus usque indies succussibus. Eodem tempore dictus Terræ motus damno affecit *Castellum Novum*, ejusque burgos in *Albaniæ* ditionis *Turcicæ* regione. Idem casus concussit *Dulcinium* & *Antivarum*, & in *Dalmatia Peraptum* & *Cattarum*, interemptis 300 circiter. *Kircheri Mundus Subterran.* Tom. I. pag. 242.

(a) *Relation de l'Empire de la Chine.* Liv. II. ch. 17. *Voyages de Churchill.* Vol. I. pag. 101.

le mouvement étoit de l'Eſt à l Oueſt,
ou que ce n'étoit pas le même Tremblement de Terre. L'un & l'autre eſt impoſſible à décider. Nous ne connoiſſons
pas les directions des cavernes ſoûterraines, ni les obſtacles qui peuvent retar-
der le mouvement des vapeurs élaſti-
ques qui cauſent ces funeſtes accidens
(*a*).

En 1678, le 4 *Novembre*, *V. St.* il
y eut un Tremblement de Terre dans
les mêmes endroits. Il fut le plus fort
du côté de *Brewood*, où il arriva à onze
heures de la nuit, avec un bruit ſemblable à un coup de Tonnere éloigné,
quoiqu'aſſez fort pour réveiller les habitans dans leurs lits. Il continua juſqu'à deux heures du matin, & la Terre
remua conſidérablement à trois différentes repriſes de demi-heure en demi-
heure. La nuit d'après il y en eut un
autre, quoique moins fort. Il fut auſſi
accompagné d'un bruit ſourd, comme
ils le font tous, à moins que les vapeurs
ne s'enflamment ſi profondément dans

(*a*) *Hiſtoire de Staffordshire*, par le D.
Plot, pag. 142.

la terre qu'on ne puisse pas entendre
leur explosion sur la surface de la croûte
terrestre, quoiqu'on sente assez fortement
les convulsions qui en proviennent.
Le 9 *Octobre* de la même année vers
les onze heures de la nuit il arriva un
autre Tremblement en *Stafford-Shire* &
dans tous les Comtés voisins, & il fut
de même précédé d'un grand bruit.
Nous pouvons conclure de-là, que tous
ces accidens sont causés par des vapeurs
enflammées, & par leur explosion dans
les entrailles de la Terre (a).

En 1683, le 17 *Septembre*, *V. St.* il
y eut un Tremblement de Terre à
Oxford & dans les environs. Il se fit
sentir sur un terrein d'environ soixante &
dix lieuës, & il s'étendit le plus du
Sud-Est au Nord-Ouest, & le moins
du Nord au Sud, comme il paroîtra
par la Relation suivante qui est la meil-
leure que j'aye pû avoir de cet accident.
Il fut précédé d'un bruit sourd, qui
ressembloit à un coup de tonnerre éloigné, & on l'apperçut un peu à *Kir-*

(a) *Histoire de Stafford-Shire* du *D. Plot*,
pag. 143.

kl'ngton au Nord d'*Oxford*, à *Bleching-
ton* & à *Aylsbury* au Sud-Est, où on le
sentit en plein, comme aussi à *Thame*,
qui est à l'Est, & à *Aston*, à *Kingston*,
&c. à *Watlington* au Sud-Est, à *Wal-
lingford* au Sud-Est quart de Sud, à
Abingdon au Sud, à *Brampton* à l'Ouest,
à *Burford* au Nord, & à *Long-Han-
borough* au Nord-Ouest. On ne sentit
plus rien au delà de ces endroits (*a*).

En 1688, le 5 *Juin*, il arriva à Naples un terrible Tremblement, qui bou-
leversa plusieurs Eglises & maisons Re-
ligieuses, & entr'autres la belle Eglise
des Jésuites. Le tiers de la Ville fut renversé par ce même accident, & plusieurs vaisseaux coulerent à fond dans le
Port. Nous en tenons la Relation suivante d'une personne qui fut présente
du temps de l'événement. Un peu après
quatre heures dans l'après-midi, dit-
il, nous fumes allarmés par une confu-
sion générale, qui s'empara de toute la

(*a*) Voyez la Relation de ce Tremblement
de Terre envoyée à la *Société Royale*, par
le Sieur *Pigot*, Membre du *Collège d'Oxford*,
dans les *Transact. Philosoph.* num. 151. Vol.
XII.

N v

Ville. Les maisons pancherent de côté,
& se remirent droites à plusieurs repri-
ses, d'autres tomberent dans les rues.
Un instant après la Terre se mit à trembler violemment, & l'on entendit un
bruit soûterrein beaucoup plus fort que
celui du Tonnerre. Les meubles furent
ébranlés dans les maisons, les cloches
sonnoient dans les clochers, les sources
& les citernes rejettoient leurs eaux;
quantité de maisons furent renversées,
& d'autres panchant de côté menaçoient
ruine à chaque instant. On entendoit des
cris horribles par toute la Ville. Les uns
s'embrassoient, pour se dire adieu, d'autres se jettoient par les fenêtres sans
sçavoir ce qu'ils faisoient. Ces pauvres
Habitans furent de nouveau effrayés le
lendemain par un Orage terrible accompagné d'une furieuse tempête qui dura pendant trois jours. On ne voyoit
dans les ruës que des Processions de
Pénitens, pour implorer la miséricorde
de Dieu (a).

(a) *Salmon Histoire Moderne.* Vol. II. pag.
385. où ce même Auteur observe qu'il y a
eu dans cette même année une éruption considérable du Mont *Vesuva,* & ensuite d'autres

Les Tremblemens de Terre font auffi fort communs en *Jamaique.* Les Habitans en attendent un réguliérement tous les ans, & l'on obferve qu'ils fuccedent affez fouvent aux grandes pluyes. Il en arriva un entr'autres le 19 *Février*, 1688. J'étois à un premier étage, dit le célébre M. *Sloane*, qui fe trouvoit alors dans l'Ifle, & je vis les meubles remuer autour de moi, comme fi l'on avoit ébranlé les fondemens de la maifon. Je regardai par la fenêtre, pour voir ce que c'étoit. Le premier objet qui fe préfenta à mes yeux furent les pigeons qui dans mon colombier avoient leurs aîles déployées, & pouvoient à peine fe foûtenir fur leurs pattes. Je compris d'abord que c'étoit un Tremblement de Terre, & comme j'étois dans une maifon bâtie de briques, je gagnai promptement la porte de ma chambre pour me fauver ; mais les fecouffent cefferent avant que je pus arriver à l'efcalier. La terre fut ébranlée à trois différentes reprifes dans le temps

---

dans les années 1689, 1694, 1696, 1701 & 1707.

d'une minute , & l'on entendoit un bruit sourd & soûterrain. L'effet fut beaucoup plus sensible au-dessus de moi & plus haut, où l'on trouva plusieurs meubles renversés & éparpillés dans les chambres. Ce Tremblement se fit sentir par toute l'Isle dans le même instant ou à peu près : plusieurs maisons furent fort mal-traitées, d'autres furent découvertés de leurs tuiles, & il y en eut très-peu qui ne fussent endommagées. Les Vaisseaux qui étoient à la rade du *Port-Royal* en furent aussi ébranlés, & un bâtiment venant d'*Europe* & se trouvant à l'Est de l'Isle, fut considérablement battu par un Ouragan. Un de mes amis étant alors dans ses Plantations m'a assuré avoir vu le terrein s'élever comme les flots de la Mer, en avançant toujours vers le Nord, autant qu'il avoit pu l'observer par le mouvement des arbres placés sur des montagnes à quelques lieuës de lui (a).

Vers 1690 il y eut un Tremblement

(a) M. *Sloane* dans l'*Introduction au Premier Volume de son Histoire Naturelle de la Jamaique*, pag. 44. & après lui *Salmon Histoire Moderne*, Vol. III. pag. 579.

à *Bedford* en *Angleterre.* Le Sieur *Aſ-
pinal*, Recteur du Collége, en fut réveillé dans ſon lit, nonobſtant la ſolidité de ce Bâtiment public. Il ſe ren-
dormit ſans ſçavoir ce qu'il avoit ſenti ;
mais il fut bientôt réveillé par une ſeconde ſecouſſe, & le lendemain matin
il apprit par la voix unanime de tous
les Habitans que la Terre avoit trem-
blé la nuit. Le Sieur *Beaumont*, fameux
Médecin, qui travailloit tard ce ſoir-là,
penſa être renverſé deux fois avec ſa
chaiſe vers minuit (a).

En 1692, le 7 *Juin*, il arriva un
Tremblement de Terre au *Port-Royal*
en *Jamaique*, qui détruiſit preſque toute la Ville en moins de deux minutes.
La terre s'ouvrit, & engloutit pluſieurs
maiſons & quantité de monde : l'eau
ſortit en abondance des creux de la terre
& entraîna les hommes par troupes ;
quelques-uns eurent le bonheur de s'arrêter aux troncs ou aux branches d'arbres, ou aux débris des maiſons, & furent enſuite ſauvés dans des chaloupes.

(a) Selon une Relation particuliere communiquée à l'Editeur par un de ſes amis.

Plusieurs Vaisseaux qui étoient dans le
Port furent entraînés par la fureur des
eaux, & la Fregatte appellée le *Cygne*,
qui étoit sur la Côte pour être radou-
bée, fut emportée par dessus les toits
des maisons qui couloient à fond : elle
y passa sans être renversée, & servit de
retraite à plusieurs centaines de personnes qui s'y sauverent la vie. Le Major
Kelley, qui étoit alors dans la Ville,
dit, que la terre s'ouvrit & se referma
subitement en plusieurs endroits, & il
vit quantité de monde s'enfoncer en
terre jusqu'au milieu du corps, & d'autres dont on ne voyoit plus que la tête,
& qui furent misérablement écrasés. Le
Ciel, qui avoit été serein avant le Tremblement, devint rouge, & l'air s'é-
chauffa comme un four. La chûte des
Montagnes faisoit des bruits terribles,
& l'on en entendoit en même-temps
sous terre. La principale ruë qui étoit
proche le Quay, fut engloutie avec tous
les grands Magasins & les beaux Bâtimens de briques, qui en faisoient l'or-
nement. Il ne resta qu'une partie de la
Ville bâtie sur une langue de terre qui
avance dans la Mer, & à l'extrêmité
de laquelle est le Château, qui fut aussi

beaucoup endommagé. L'eau dans le
Port, dit un autre Auteur, s'éleva fubitement, en formant de grosses vagues, & fit perdre l'ancre presqu'à tous
les Vaisseaux. La Mer se retira immédiatement après plus de trois cens verges, laissant les poissons à sec dans le
sable ; mais elle revint en moins de deux
minutes, & inonda même une partie
de la Côte. A la premiere secousse quantité de monde gagna le bord des Vaisseaux qui étoient dans le Port, & n'osa
revenir à terre pendant plusieurs semai-
nes, parce que les secousses recommen-
çoient de temps en temps. On compte
que cet accident a couté la vie à environ quinze cens personnes. Ce Tremblement fut général par toute l'Isle, &
l'on entendoit des bruits si terribles dans
les Montagnes, que plusieurs Esclaves
fugitifs, qui s'y étoient retirés, revin-
rent trouver leurs Maîtres. Deux Montagnes situées entre *S. Jacques* & *l'Allee
de seize milles*, se joignirent & arrêterent le cours de la Riviere qui débor-
da & inonda plusieurs forêts des environs. Plus de mille acres situés au Nord
de l'Isle furent engloutis avec les maisons & les Habitans : la place resta

pendant quelque temps couverte d'un Lac, qui se dessecha ensuite; mais on n'y trouva aucun vestige de maisons. Une grosse montagne se fendit en deux à *Yellows*, & détruisit plusieurs Plantations avec les Habitans : une de ces Plantations fut transportée à une lieuë de la place qu'elle avoit occupée auparavant. Toutes les maisons de l'Isle furent renversées ou considérablement endommagées, & l'on compte au moins 3000 personnes écrasées , en y comprenant le monde qui périt au *Port-Royal* (*a*).

En *Janvier*, 1693 il y eut un grand Tremblement de Terre à *Messine* en *Sicile*, qui renversa 24 Palais , & ébranla considérablement le reste de la Ville. Le Peuple consterné se sauva dans les champs , pendant que d'autres gagnerent les Eglises , & principalement la Cathédrale où l'Archévêque prêchoit alors. En effet ce spectacle doit

____

(*a*) *Salmon Histoire Moderne* , Vol. III. pag. 580. Voyez aussi les *Transact. Philosoph.* num. 29. pag. 77. & *l'Introduction au Premier Volume de l'Histoire Naturelle de la Jamaïque de M. Sloane* , pag. 58.

avoir été des plus terribles : car non feulement la Terre trembloit & menaçoit
de bouleverfer la Ville ; mais en même-
temps l'air étoit en feu par des éclairs
terribles & continuels accompagnés de
coups de Tonnerre épouvantables. Cependant *Meffine* fut en cet inftant plus
heureufe que d'autres grandes Villes fi-
tuées du même côté de l'Ifle (*a*).

Il arriva à peu près en même-temps
un terrible Tremblement à *Catane*, Ville
de cette même Ifle, fituée proche le
Mont *Æthna* (*b*). Il ébranla non-feu-

(*a*) *Salmon Hift. Mod.* Vol. II. pag. 397 ;
Voyez auffi les *Voyages en Turquie de M.*
Chisbull, pag. 176, où il dit qu'il eft étonnant, que les Habitans de *Meffine* n'ayent
pas enrégiftré dans leurs Annales un fait,
dont plufieurs Marchands *Anglois* réfidans en
cette Ville ont été témoins oculaires. C'eft
que dans ce même Tremblement de Terre de
1693 le Clocher de la Cathédrale, qui eft à
l'Eft, & détaché du corps de l'Eglife, fut tellement contourné par une fecouffe, qu'il
menaçoit de tomber pendant quelque temps ;
mais que huit jours après il vint une autre
fecouffe, qui le redreffa & le remit dans fa
premiere pofition perpendiculaire.

(*b*) Volcan terrible en *Sicile*, qui par fes
éruptions accompagnées ordinairement de

lement toute la *Sicile* , mais auſſi le
Royaume de *Naples* & l'Iſle de *Malthe*.

Tremblemens de Terre a bouleverſé pluſieurs Villes de la Côte Orientale de cette
Iſle. Il eſt à 50 milles au Sud - Oueſt de
Meſſine, & à 20 milles à l'Oueſt de *Catane*.
Ce Mont eſt environné de Villes, de Villages, de Vignes & de Plantations, & tout ce
terrein eſt rendu très-fertile par les cendres
que ce Volcan vômit de temps en temps. Le
pied de la Montagne & le terrein qui s'éleve
ſucceſſivement, porte des Vignes & des arbres fruitiers entremêlés de Champs de Bleds
& de Pâturages; plus haut on ne voit que
des Sapins entrecoupés de crevaſſes, d'où
ſort beaucoup de fumée. Le Mont s'éleve
juſqu'aux nues, & ſon ſommet eſt entouré de
neige pendant preſque toute l'année : plus
haut eſt ce terrible Volcan, qui vômit preſque continuellement des flammes ou de la
fumée. C'eſt un baſſin ou un creux d'environ
ſix milles de circonférence : ſes bords ſont
incruſtés de ſouffre ; il en ſort ſouvent des
ruiſſeaux de pure flamme, & le bruit qu'on
entend dans cette caverne brûlante eſt inconcevable. L'*Æthna* eſt beaucoup plus gros
que le *Veſuve*. Il a en-bas environ 70 milles
de circonférence, & ſes éruptions ſont beaucoup plus fréquentes & plus terribles que
celles de ce dernier Volcan. On trouve une
Deſcription complette de ce Mont dans le
Monde Soûterrain du **P.** *Kircher ,* **Vol.** I. pag.
200.

Les secousses étoient si violentes, qu'il
fut impossible aux Habitans de se soû-
tenir sur leurs jambes, & ceux qui s'é-
toient couchés par terre furent roulés
tantôt d'un côté, tantôt de l'autre. Les
plus hauts murs quittoient leurs fondemens & avançoient de plusieurs pas. Le
Pere *Antoine Serrovita* étant en chemin à quelques lieuës de *Catane* où il
alloit, observa une nuée noire comme
la nuit, suspenduë au dessus de la Ville;
les flammes sortoient à longs traits du
Mont Gibel ou *Æthna*, & se repan-
doient de tous côtés. La Mer s'éleva
subitement en faisant grand bruit, &
l'on entendit un coup aussi terrible que
si toute l'Artillerie du monde avoit eté
déchargée à la fois : la Mer se retira à
plus de deux milles de la Ville. Les
oiseaux voloient en tremblant, & les
bestiaux mugissoient en courant dans
les champs. Le cheval de ce Pere &
celui de son Compagnon de voyage
s'arrêterent tout court en tremblant, &
les obligerent de mettre pied à terre;
mais ils ne l'avoient pas sitôt touchée
qu'ils furent enlevés à quelque distance
de-là, sans voir autre chose autour d'eux
qu'une nuëe épaisse de poussiere. Les

gens de la Ville gagnerent avec la derniere consternation la Cathédrale & les autres Elgises, mais un instant après toute la Ville fut bouleversée, & de 18914 Habitans qu'ils étoient il en périt environ 18000 *To. Burgos* observe, que dans plusieurs autres Villes & Bourgs de *Sicile*, dans un terrein habité par 254900 ames, il en couta la vie à près de 60000 (a).

En 1699 le *Tommagon Porbo Nata* allant vers les Montagnes, anx environs des Rivieres de *Tungarouse* & de *Batavie*, entendit un bruit comme celui du Tonnerre, & craignant quelqu'enfoncement de terre ou éruption d'eau, il

---

(a) *Transact. Philosoph.* num. 202. & 207. *Salmon Histoire Moderne.* Vol. II. pag. 397. Cette Ville étoit fameuse autrefois pour la picté des deux Freres, *Amphinomus & Anapius*, qui sauverent leurs Parens d'un Incendie, en les emportant sur leurs épaules. *Silius Italicus*, dist. Liv. XIII.

Catine nimium ardenti vicina Typhæo,

Et generasse pios quondam celeberrima fratres.

Et Ausône des Villes célébres. X.

Quis Catinam sileat
Hanc Ambustorum fratrum pietate celebrem.

s'arrêta avec ceux qui le fuivoient. Il vit un inftant après la terre s'écrouler, des fommets des Montagnes, & comme il n'entendoit plus de bruit, il continua fa route. Dans dix-neuf jours qu'il refta en chemin pour aller & venir, il fentit quarante Tremblemens de Terre, & depuis fon retour des Montagnes il en a compté deux cens huit autres (*a*).

En 1703, le 28 *Décembre*, *V. St.* on fentit un Tremblement à *Hull* en *Angleterre*. Les meubles, porcellaines & batteries de cuifine furent ébranlés, & quelques cheminées renverfées, & l'on entendoit dans plufieurs endroits des bruits comme ceux des charriots qui courent dans les ruës (*b*).

En 1718, le 19 *Juin*, à 3 heures du matin on apperçut quelques legeres fecouffes d'un Tremblement de Terre à *Sin-gan-fon*, Capitale de la Province de *Xenfi* dans la *Chine*, mais elle n'en fut guéres en-

---

(*a*) *Tranfact. Philofoph.* num. 264.

(*b*) Extrait de deux Lettres de M. *Thorefley* à la *Societé Royal de Londres*, au fujet d'un Tremblement de Terre arrivé au Nord de l'*Angleterre*, le 28 *Décembre* 1703. Voyez les *Tranfact. Philof.* num. 289. pag. 1555.

dommagée. On sentit de pareilles secousses à *Ning-hai*, qui furent aussi
sans consequence, mais elles furent terribles dans le même instant à *Lanchec-
ton*. La porte du midi fut renversée,
& les murs de plusieurs petites Villes
eurent le même sort. Du côté de *Young-
Ningtchin* les Montagnes qui étoient au
Nord, furent retournées au Sud, quoiqu'il y eut entre deux une plaine de
plus de deux lieuës. Le gros Bourg qui
portoit ce nom fut englouti, sans qu'il
restât le moindre vestige de maisons,
d'hommes, ni d'animaux. La Terre
s'ouvrit au Nord de la Ville *Tong-ouei*:
les Montagnes furent renversées, & en
tombant elles s'écroulerent sur la Ville
en venant du Nord & passant au Sud.
Toute la Ville fut comblée en un clin
d'œil; le terrein s'éleva en formant des
vagues comme les flots de la Mer à la
hauteur de six brasses & d'avantage, &
les maisons, les Magazins publics, le
Trésor, les Prisons, &c. furent enterrés fort profondement. De toute la maison du Gouverneur *Hoang* il n'y eut
que lui, son fils & un valet de sauvés,
& en général de dix personnes il ne
s'en sauva tout au plus que trois. La

Terre trembla à *Ting-min-chin* depuis trois heures du matin jusqu'à onze heures, & les Bâtimens publics & les murs situés au Sud de la Ville furent tous renversés. La moitié du Mont *Outai* tomba du côté du Sud, & écrasa ou blessa quantité de monde & d'animaux. Le 9 *Juillet*, une violente secousse renversa les murs & les maisons de *Roucning*. En un mot, il n'y eut guéres d'endroits dans la Province, qui ne se ressentît de la fureur de ces Tremblemens (*a*).

En 1726, le 2 *Septembre*, entre dix & onze heures de nuit on commença à sentir quelques secousses d'un Tremblement de Terre à *Palerme* en *Sicile*. Les premiers ne furent pas bien forts; mais ils augmenterent bientôt, & continuerent avec une violence extrême pendant 24 ou 25 minutes. Le quart de la Ville en fut bouleversé & entiérement ruiné. Une rue entiere du Quartier de *Sainte Claire* s'ouvrit subitement avec un bruit effroyable, & il en sortit

------

(*a*) *Mercure Historique & Politique*, pour le mois d'*Août.* 1726.

quantité de flammes entremêlées de pierres calcinées, & un torrent de fouffre brûlant, qui réduifit tout le Quartier en cendres dans moins d'une demie-heure. Le Peuple fe fauva dans les champs, malgré les inftances du Gouverneur, qui voulut l'engager à éteindre le feu, qui avoit pris en plufieurs endroits de la Ville. On fait monter le nombre des Habitans enterrés fous les ruines à environ fix mille, fans compter ceux qui ont péri dans le Quàrtier de *Sainte Claire*. On a obfervé que l'air étoit extrêmement échauffé & comme brûlant pendant cette terrible Révolution (*a*).

En 1727, la nuit du *Dimanche*, 29 *Octobre*, *V. St.* entre dix & onze heures il arriva un Tremblement de Terre dans la *Nouvelle Angleterre*. La foirée étoit belle, fans le moindre vent, & les Etoiles brilloient d'une maniere fi extraordinaire, fi bien que plufieurs perfonnes accoururent pour les obferver. En effet on prétend que le feul fymptôme général de l'approche d'un Trem-

---

(*a*) *Salmon Hiftoire Moderne*. Vol. II. pag. 398.

blement

blement de Terre, est un Ciel parfai-
tment serein, une chaleur étouffante &
un calme absolu. Il est vrai que ces circonstances ne précédent pas toujours
ces funestes accidens; mais il n'y a pas
de régle sans exception, & il suffit d'a-
voir observé qu'elles ont eu souvent lieu.
Pour revenir au Tremblement de la
Nouvelle Angleterre, la Ville de *Newbury* située à environ 40 lieuës au Nord-
Est de *Boston*, paroît avoir été le centre
des secousses. La Terre s'ouvrit en cet
endroit, & vomit plusieurs charrettées
de sable fin & de cendres, entremêlés
de quelques grumeleaux de soufre, qui
brûloient avec une petite flamme bleuë,
quand on les mettoit sur des charbons
ardens; ce qui fait voir évidemment,
que la surface Terrestre a été déchirée
en cet endroit par l'explosion d'une
flamme sulphureuse, qui a en même-
temps fait sortir par la crevasse une
quantité de terre bitumineuse calcinée.
Ceux qui demeuroient proche l'endroit
de l'Eruption, penserent mourir de
peur : car la secousse & le bruit furent si
terribles qu'ils allarmerent tout le monde à 40 milles à la ronde. Cinq ou six
autres moindres secousses succederent à

la premiere pendant la nuit & le lendemain matin ; mais on ne les fentit pas à
beaucoup près fi fort à *Bofton* qu'à *Newbury* (a).

En 1731, *Dimanche*, 10 *Octobre*,

(a) Extrait d'une Lettre du Sieur *Coleman*
de *Bofton* à l'Evêque de *Peterborouq*, dans les
Tranfact. Philofoph. Vol. XXXV. pag. 142.
Un des Habitans de *Newbury* écrit à ce fujet
ce qui fuit : ,, Quant aux préfages de l'ap-
,, proche d'un Tremblement de Terre, je
,, ne fçaurois décider rien de pofitif à cet
,, égard. Les Prognoftics réputés ordinaire-
,, ment pour tels, ont fouvent manqué chez
,, nous : tel eft, par exemple, la clarté ex-
,, traordinaire du Ciel, la lumiere brillante
,, & tremblante des Etoiles, &c. Nous avons
,, certainement entendu des bruits foûter-
,, rains par toute forte de temps, & à toute
,, heure (quoique plus fréquemment dans
,, les nuits d'hyver) avec tous les points
,, de vent, dans tout temps de marée, &
,, dans toutes les Phafes de la Lune. J'a-
,, joûterai ici une feule circonftance, qui
,, m'a paru fort remarquable. Le fable qui
,, avoit été vomi par la Terre, le 29 *Octo-
,, bre*, dans la premiere grande fecouffe,
,, commença vers le milieu d'*Avril* d'exhaler
,, une puanteur affreufe & plus infupporta-
,, ble que celle d'une charogne pourrie ;
,, mais peu de temps après on ne fentit plus
,, rien. ,,

V. St. vers les quatre heures du foir, on fentit un Tremblement de Terre à *Aynho* en *Northamptonfhire* dans la *Grande-Bretagne.* M. *Waffe*, Recteur de l'endroit, qui en fit fon rapport à la *Societé Royale de Londres*, marque, que fes fenêtres trembloient, comme fi l'on avoit danfé au-deffus de fa tête. La fe-couffe dura environ une groffe minute, & allarma même les Villages voifins à quatre milles au Sud-Oueft, à cinq à l'Oueft, à un mille à l'Eft, & à autant au Nord; mais elle n'avança ni au Sud, ni au Sud-Eft. Une minute après il y eut un grand coup d'éclair fur la Ville d'*Aynho*. Le Ciel parut le lendemain de couleur de terre. La fecouffe fut précé-dée d'un coup fourd comme celui du Tonnerre éloigné *(a)*.

En 1754, le 25 *Octobre, V. St.* en-tre trois & quatre heures du matin, il arriva un Tremblement de Terre à *Suffex* dans la *Grande-Bretagne.* Le Duc de *Richmond*, qui y paffa quelques jours après, en fit fon rapport à M. *Sloane*.

(a) *Tranfact. Philof.* Vol. XXXIX. num. 444. pag. 367.

Préſident de la *Societé Royale de Lon-*
dres. Le D. *Bayley* le ſentit auſſi à *Ha-*
vant à deux différentes repriſes , &
chaque fois pendant deux ou trois ſe-
condes. Ceux , dont les lits étoient
placés de l'Eſt à l'Oueſt , ſentoient un
mouvement comme celui des flots de la
Mer : d'autres , dont les lits pointoient
du Nord au Sud , étoient ballottés tantôt à droite , tantôt à gauche ; ce qui
eſt aiſé de comprendre, en ſuppoſant que
le même mouvement d'ondulation, qui
a fait hauſſer & baiſſer les lits en longueur, de l'Eſt à l'Oueſt, doit les avoir
bercés en largeur du Nord au Sud. Les
meubles furent ébranlés dans toutes les
maiſons , on entendit un coup de cloche
avant qu'on ſentit la ſecouſſe dans le
lit , & ceux qui étoient en chemin dans
la campagne obſerverent , que les chevaux étoient fort effrayés & cherchoient
à raſſurer leur pas au moment de l'accident (*a*).

En 1742 , depuis le 16 *Janvier* ,
juſqu'au 27 on ſentit pluſieurs ſecouſſes

(*a*) *Tranſactions Philoſoph.* Vol. XXXIX,
num. 444. pag. 361 , &c.

de Tremblement de Terre à *Livourne.*
Les deux plus fortes arriverent le 19 &
le 27, comme il paroît par la Relation
suivante d'une personne qui étoit alors
dans cette Ville. Le 19 *Janvier* à midi
& demi j'entendis un bruit sourd, qui
fut suivi d'une grande secousse de la
maison où j'étois. Le bruit vint sur nous
comme un coup de vent, & la maison
balançoit de l'Ouest à l'Est. Une demie-
heure après il y eut une autre secousse
quoiqu'un peu plus foible, & la terre
continua de remuer pendant le reste de
la journée. Plusieurs Pêcheurs, qui
étoient alors en Mer, virent une petite
partie de cet Elément s'agiter avec une
violence extraordinaire, & les flots s'é-
leverent à une hauteur prodigieuse en
jettant une écume blanche & faisant un
bruit épouvantable. Ils penserent y périr, quoiqu'ils ne fussent pas directement sur l'endroit agité qui ne les tou-
cha que de côté. Ils s'imaginerent, qu'il
devoit y avoir quelqu'accident funeste
sur la Côte, & ayant toujours les yeux
fixés sur la partie enflée de la Mer, ils
observerent qu'elle avançoit vers *Livourne*, où elle se brisa contre le vieux
Fort. Mais le Tremblement le plus con-

fidérable arriva le 27 du même mois
vers une heure après midi. On commença par entendre un bruit effroyable,
qui fut fuivi de plufieurs fecouffes, & à
la fin d'un coup d'une violence extrême, qui fe termina par d'autres fecouffes plus violentes que les premieres. On
entendoit un bruit foûterrain fi terrible, qu'il fembloit que toute la Terre
fut brifée par morceaux. Les murs de la
maifon où j'étois manquoient de toutes
parts, le mortier tomboit comme de la
pluye, & tout ce qui étoit dans les
chambres fut renverfé. Je gagnai promptement la ruë, & je fus fort furpris de ne
pas trouver des maifons renverfées Cependant la Ville y a confidérablement
fouffert, & il n'y a eu aucun Edifice, ni
public, ni particulier, qui n'ait été plus
ou moins endommagé. Ce qui me parut le plus furprenant, ce fut la quantité prodigieufe de crevaffes qu'on voyoit
dans les murs de l'Eglife Collégiale qui
font d'une épaiffeur extraordinaire, &
par lefquelles on peut juger de la violence du Tremblement. Avant les fecouffes du 19 les eaux s'enflerent de la
hauteur d'une verge, & fe rebaifferent
à différentes reprifes. On prétend, que

cette même nuit & la fuivante on avoit fenti un goût fort de foufre dans les rües ; & ce même goût fe trouva aufli dans les eaux de certaines fources. La Mer changea de fituation à chaque inf- tant : elle étoit tantôt haute, tantôt bafle, tantôt violemment agitée, tantôt parfaitement calme, & le bruit qu'elle faifoit de temps en temps, égaloit ce- lui d'une batterie de canons qu'on dé- charge. Un Pêcheur *François*, qui étoit alors dans fa Chaloupe, déclara avoir été tantôt élevé à des hauteurs prodi- gieufes, & tantôt rabaiffé, à ce qu'il lui avoit paru, jufqu'au fond de la Mer. Il ajoûta, que cette énorme agitation avoit ceffé fubitement par une explofion hor- rible, & aufli forte que celle du plus gros canon, & qu'elle avoit été fuivie d'un calme parfait (*a*).

En 1746, la nuit du 28 *Octobre*, il arriva un Tremblement de Terre ef- froyable à *Lima*, Capitale du *Perou*. Il commença vers les dix heures du foir, & la déftruction fut fi générale &

(*a*) *Tranfact. Philofoph.* Vol. XLII. num. 463. pag. 77.

ſi ſubite, que les Habitans n'eurent pas
le temps de ſe ſauver. Les bruits ſoûterrains, les ſecouſſes, & la ruine totale de cette ſuperbe Ville arriverent
preſque dans le même inſtant, & dans
quatre minutes, que dura le fort du
Tremblement, la moitié des Habitans
ſe trouverent enterrés ſous les ruines de
leurs maiſons, pendant que d'autres
furent tués ou eſtropiés dans les ruës
par les chûtes des murs. Il y en eut cependant beaucoup qui ſe ſauverent dans
les cavités des ruines ou ſur leurs ſommets, ſans ſçavoir comment s'en tirer.
La terre frappa ſi violemment contre
les Edifices, que chaque ſecouſſe en
abbatit pluſieurs à la fois, & le poids
énorme des pierres tombant du haut
des Egliſes ou autres bâtimens élevés,
acheva d'écraſer & de détruire ce que
le Tremblement avoit épargné. Les ſecouſſes, quoiqu'*inſtantanés*, ſe ſuccé-
derent de près : les hommes furent jettés de côté & d'autre, & pluſieurs furent ſauvés par les ruines, mêmes ſans
ſçavoir comment. La plume ne ſçauroit dépeindre l'horreur d'un pareil ſpectacle, puiſqu'avant l'entrée de la nuit il
n'y eut pas une ſeule maiſon dans la

Ville , qui n'eut été ou renverſée ou plus ou moins endommagée par cette funeſte convulſion de la Terre. Les deux beaux Clochers de la Capitale furent abbattus, le Couvent des *Auguſtins* fut le premier qui tomba en ruine , & l'arche du Pont, qui portoit la Statue du Roi *Philippe V* , fut briſée par morceaux. On compte qu'il y a eu environ 5000 ames de péries par cet accident. Le 29 du même mois on ſentit encore ſix ſecouſſes entre neuf heures du matin & midi , & il y en eut de ſi violentes , qu'elles euſſent cauſé beaucoup de dégats , ſi elles n'avoient pas été prévenuës par les précédentes. Le 30 les ſecouſſes redoublerent ſi ſouvent depuis le matin juſqu'au ſoir , qu'il fut impoſſible d'en tenir un compte exact. Elles furent encore fort fréquentes depuis le 31 *Octobre* juſqu'au 10 *Novembre* , & l'on entendoit des bruits ſourds & affreux dars les entrailles de la Terre. Sans compter les ſuperbes Palais & les maiſons, il y eut 74 Egliſes, 14 Couvents, & 14 ou 15 Hôpitaux d'entiérement ruinés. Tous les Tréſors de cette magnifique Ville furent enterrés ſous les ruines , & l'on fait monter à un prix inestimable les pierres précieuses, la vaisselle & les bijoux d'or & d'argent, qui ont été perdus dans ce désastre (a).

Le même jour que la Ville de *Lima* souffrit tant par le Tremblement de Terre, fut encore plus funeste pour *Collao*, Ville Maritime, qui est à deux lieuës de la Capitale. Son Port, sa garnison & tous ses bâtimens furent totalement détruits. Les Tours résistoient pendant quelque temps par l'épaisseur des murs à la force des secousses; mais les Habitans furent à peine revenus de la premiere frayeur que leur avoit causée la désolation du Tremblement de Terre, que la Mer se gonfla à une hauteur si prodigieuse qu'elle dominoit sur la Ville de *Callao*, quoique située sur une éminence. Elle tomba delà sur la Côte, entraînant avec une violence extrême les Vaisseaux qui étoient à l'ancre dans le Port, & dont la plus grande partie coula à fond, pendant que d'autres furent emportés par-dessus les murs & les

____

(a) *Relation Authentique de cet Accident, publiée à Madrid.*

Tours du Château, & laiſſés à ſec bien
au-delà de la Ville. Les flots raſerent en
même-temps juſqu'aux fondemens tous
les Bâtimens, que le Tremblement de
Terre avoit laiſſés, à l'exception de deux
grandes portes & de quelques fragmens
de murs. Ce Déluge terrible & peu pré-
vu noya la plus grande partie des Habitans, dont le nombre ſe montoit alors
à environ 5000. Ceux qui pouvoient
atteindre quelque poutre ou autre débris de maiſon, tâchoient de ſe ſoûtenir autant qu'ils pouvoient au-deſſus des
flots, mais ces mêmes fragmens, après
leur avoir ſervi de ſecours pendant quelque temps, devenoient à la fin par leur
quantité les inſtrumens de leur déſtruction, & s'entre-choquant par l'agitation
violente des flots. Le petit nombre d'habitans échapés de ce déſaſtre, qui ne ſe
monte tout au plus qu'à 200, a rapporté que les flots en ſe retirant de la
terre, en enrencontrant d'autres qui ſur-
venoient de la Mer, avoient à différentes repriſes entouré toute la Ville comme des remparts d'eau ; & que dans des
intervalles tranquilles on avoit entendu
les lamentations des pauvres habitans
renfermés & moribonds. D'autres té-

moins oculaires de cet affreux spectacle
furent ceux qui étoient à bord des Vaiſſeaux, que la Mer enflée emporta avec
fureur par-deſſus la Ville, & les y laiſſa
à l'abri de tout autre accident. De vingt-
trois vaiſſeaux, qui étoient alors à la
rade, il n'y en eut que quatre qui échoue-
rent de cette façon finguliere : les autres
furent coulés à fond. Tout le thréſor de
l'endroit, les Proviſions & Munitions de
guerre appartenant au Roi d'*Eſpagne*, &
les magazins où on les gardoit, furent
engloutis dans l'abîme (a).

En 1748, le premier *Juillet*, *V. St.*
entre dix & onze heures de la nuit, il
y eut un Tremblement de Terre en
Sommerſet-Shire, dans la *Grande-Breta-*
gne, ceux qui étoient aſſis, ſentoient
leurs ſiéges remuer ſous eux : la ſecouſſe
paroiſſoit venir de loin : & étoit accom-
pagnée d'un bruit comme d'un charriot
qui approchoit, & qui continuoit d'aller à la diſtance d'environ cent verges.
Le mouvement venoit du Sud-Eſt, &
alloit au Nord-Oueſt, qui étoit préciſément la direction de la ruë, où nous

---

(a) Là-même.

étions. Ceux qui étoient couchés , s'é-
veillerent en sursaut , & allarmerent
toute la Ville. On se sauva dans les Jardins , & la plûpart des habitans y pas-
serent le reste de la nuit , de crainte de
nouvelles secousses , & frappés qu'ils
étoient du funeste bouleversement de la
Ville de *Lima* en *Perou* , dont la mémoire étoit encore si fraîche. Les batteries de cuisine & les porcellaines trembloient dans toutes les maisons , & l'on
entendoit par-ci par-là des coups de son-
nettes. Ce Tremblement s'étendit d'une
Mer à l'autre , sçavoir depuis le Canal
Méridional jusqu'à *Severn* , qui font environ quarante lieuës en longueur. La
largeur n'étoit pas moindre : car on le
sentit en même-temps à *Exeter* & à
Crookhorn , qui font à peu près à la même distance l'un de l'autre (*a*).

En 1750 , le 18 *Février* , *V. St.* entre midi & une heure on sentit un Tremblement de Terre par toute la Ville de

---

(*a*) Lettre de M. *Forster* à M. *Henri Baker* ,
de la Societé Royale de Londres , touchant le
Tremblement de Terre de *Taunton* , dans les
Transact. Philos. du mois de *Juin* 1748 , & n,
455.

Londres & *Westminster*, & aux environs. Les batteries & les meubles furent ébranlés dans les maisons. La secousse fut très-vive sur les deux rives de la *Tamise* depuis *Greenwich* jusqu'à *Richmond*. Les habitans abandonnerent leurs maisons, & dans certains quartiers de la Ville il y eut des cheminées & même des maisons renversées. Plusieurs Vaisseaux & Chaloupes reçurent un choc terrible au milieu de la riviere (*a*).

Le 8 *Mars*, *V. St.* de cette même année à cinq heures & demie du matin, la Ville de *Londres* & ses environs furent de nouveau allarmés par une secousse de Tremblement de Terre, qui fut plus violente & plus longue que celle du mois précédent. Elle fut assez forte pour éveiller la plûpart des Habitans, dont plusieurs gagnerent les rues en

---

(*a*) *Le Magazin de Londres*, 1750, *Février*, pag. 91. *Le Magazin Universel* ajoûte, qu'on le sentit en même-temps dans différens endroits de la Côte Méridionale, & même sur les Côtes de *Picardie*, de *Normandie* & de *Bretagne*. On s'apperçut vers le même temps aussi d'un Tremblement du côté des Pyrenées. Voyez le *Mercure de cette année.*

chemife. Il y eut quelques cheminées de renverfées & des maifons endommagées. Le mouvement fut plus fort dans les Quartiers élevés, où la batterie de cuifine fut jettée loin des tablettes. Dans le *Parc de S. James* & autres endroits découverts on voyoit diftinctement la terre remuer, & prête à crever à trois différentes reprifes. Plufieurs boutiques de porcellaines perdirent beaucoup dans cet accident par des Marchandifes caffées. Les Cloches fe faifoient entendre dans différens Clochers ; une fille fut jettée hors de fon lit & fe caffa un bras. Les chiens en furent affectés, & ils hurloient d'une maniere affreufe. L'on a vû des Poiffons dans des Etangs s'élancer à une demie-verge hors de l'eau. Là fecouffe fut précédée d'éclairs continuels, mais confus, qui cefferent une minute ou deux avant le Tremblement (*a*).

Le 2 *Avril*, *V. St.* de cette même année vers les dix heures du foir on fentit un Tremblement à *Chefter*, à *Liverpool*, & à *Manchefter* en *Angleterre*. Il s'étendit à près de 40 milles du Sud au Nord, & à 30 lieues de l'Eft à l'Oueft. Il ne fit pas beaucoup de dégat, & les

Habitans en furent quittes pour la peur.
Le Ciel étoit enveloppé d'un brouillard
épais entrecoupé de rayes rouges qui
aboutissoient toutes à un point. Cette apparence singuliere resta pendant 15 minutes; mais la secousse ne durat que 2.
ou 3 secondes (a).

(a) *Journal d'Ipswich*, 1750, *Avril.*

F I N.

www.ingramcontent.com/pod-product-compliance
Ingram Content Group UK Ltd.
Pitfield, Milton Keynes, MK11 3LW, UK
UKHW022057120726
13694UKWH00001B/200